NF文庫
ノンフィクション

日本軍隊用語集
〈下〉

寺田近雄

潮書房光人新社

日本軍隊用語集〈下〉——目次

凡例　10

5　兵器

6 服装・装備

7 生活

8 風俗

〈上巻目次〉

日本軍隊用語集〈下〉

凡例

・各章の項目は，五〇音順に排列してある。
・各項目末尾の表示について。
（陸）＝陸軍、（海）＝海軍、（共）＝陸海軍共通、（民）＝民間。
（→　）＝関連項目。数字は章番号、「上」は上巻の掲載を示す。
・参考文献は下巻にまとめて掲載。

5. 兵　器

伊号潜水艦（海）
回天（海）
海防艦（海）
火焔びん（共・民）
火砲（共）
臼砲（陸）
銀翼（共）
軍艦（海）
軍鳩（陸）
軍刀（共）
槓桿（共）
高射砲・高角砲（共）
甲鉄艦（海）
牛蒡剣（共）
三八式歩兵銃（共）
銃口蓋（共）
重巡・軽巡（海）
手榴弾（共）
水上機（海）
水雷（海）
旋回機関銃（共）
操向転把（共）
装甲列車（陸）
造兵（共）
速射砲（共）
阻塞気球（陸）
竹槍（民）
タ弾（陸）
短機関銃（陸）
端艇（海）
チハ車（陸）
中攻（海）
弩級戦艦（海）
風船爆弾（陸）
複葉機（共）
砲艦（海）
歩兵砲（陸）
無限軌道（陸）
村田銃（陸）
艨艟（海）
喇叭（共）
榴弾砲・加農砲（陸）
零戦（海）
鹵獲（共）

伊号潜水艦【いごうせんすいかん】

日本の海軍は内規に従って新造艦の命名をした。戦艦は「武蔵」「日向」のように律令時代の国名。**一等巡洋艦**は「足柄」など山の名、**二等巡洋艦**は「加古」など川の名で、以下**一等駆逐艦**は気象天候、**二等駆逐艦**は植物、**砲艦**は名所旧蹟など、平時には片仮名で艦名が大艦は艦尾に小艦艇は艦腹に書いてあり、それを見れば艦種がわかるようになっていた。しかし、掃海艇や駆潜艇・哨戒艇や量産型の海防艦などは艦名は通しナンバーで、潜水艦も固有名ではない。

現在では自衛隊をはじめ各国海軍の潜水艦はみな「くろしお」「ノーチラス」といった固有名になっているが、第二次世界大戦中は、米・仏海軍などは固有名、日・独・蘭・英海軍などは数字名とさまざまであった。なかでもUNTER SEE BOOT（潜水艇）の頭文字に番号をつけたナチス・ドイツ海軍のUボートはとくに有名である。

さらに同じ艦種のなかにも区分を設け、口径六インチ以上の主砲を積む巡洋艦が一等巡洋艦、それ以下が二等巡洋艦、駆逐艦の場合は排水量一〇〇〇トン以上の大型駆逐艦が一等駆逐艦、それ以下が二等駆逐艦となる。

重巡洋艦（**重巡**）、**軽巡洋艦**（**軽巡**）といった呼び名もあるが、通称であって正式ではない。潜水艦も駆逐艦と同じように一〇〇〇トンを境にして一等・二等に分けられるが、それを示すように艦ナンバーの前に大型艦はイ、小型艦はロの字がついた。艦橋に艦名が書かれるときは「イ73」「ロ33」というふうに片仮名表示となるが、正式名称は「一等潜水艦伊号第七十三」「二等潜水艦呂《ろ》号第三十三」と漢字表示となる。

戦争の末期には輸送用や連絡用に四〇〇トンたらずの小型潜水艦が造られ波《ハ》号潜水艦となった。同じ時期に建造された最大の伊号四〇〇潜の排水量は三五〇〇トンもあり波号潜の一〇倍近くになる。

大正一五（一九二六）年、日本海軍の期待をになって進水した最初の伊号潜水艦「イ1」は、昭和一八（一九四三）年一月のガダルカナル攻防戦に参加、輸送任務中に潜水したまま浅瀬に座礁し、身動きならなくなったところを米軍の砲艇・哨戒艇に馬乗りになられて大破した。このままでは米軍に捕獲され日本海軍の恥をさらすことになるため、僚艦の「イ2」が数度の雷撃を試みたが、魚雷がリーフに当たって不成功、結局は海中に放棄された。

米軍も激戦のなかをサルベージするほど暇ではなかったとみえそのまま放置し、かつては干潮のときには世界に残る唯一の伊号潜水艦としてその姿を垣間《かいま》見ることができたが今では完全に水没している。（海）

（→重巡5・軽巡5）

伊号第51潜水艦。1390トン、水上速力18ノット、魚雷発射管８門を備える

回天【かいてん】　昭和一八（一九四三）年の秋、海軍の黒木博司中尉と仁科関夫少尉が開発した必殺の体当たり小型潜航艇、というよりも人間が操縦する魚雷が制式兵器として採用されたとき、海軍はこれに「回天」という名をつけた。

これには海軍の当事者はもとより、日本国民の強い思いがこめられている。回天＝君主の心をひき回す、転じて国勢を挽回すると辞書にあり、原典は漢時代の古書にある「張公論ㇾ事、有㆓回天之力㆒、可ㇾ謂㆓仁人之言㆒」となっている。

当時の戦局は、兵器・要員の質量ともに連合軍と格段の差があり、絶望的な状態であった。この戦況を逆転させることはまさに天と地をひっくり返す回天の業《わざ》であり、起死回生の新兵器につける名称はこれ以外になかったかもしれない。その後にできた体当たり爆弾「**桜花**」も、体当たりボート「**震洋**」も名ばかり美しすぎて空々しい。（海）（↓特攻隊上2）

海防艦【かいぼうかん】　明治二六（一八九三）年、日本海軍はそれまでコルベットとかスループとか呼んでいた外国語の艦種名を、日本語に切り換えた。

これで生まれたのが後に戦艦となる**戦闘艦**や**巡洋艦**だが、沿岸の防備を任務とする艦種に海防艦・**砲艦**・**通報艦**があった。大型艦が海防艦・小型艦が砲艦と区分される。

維新直後、日本海軍の任務は外国艦隊の来襲に対する国土防衛の専守防衛であったが、しだいに国力が充実するにつれて、外洋で敵艦隊と砲雷撃戦を交える外戦型の艦隊に変わってくる。

こうなると沿岸防備は二次的になり、フネも老朽艦をこれに当てるようになった。砲台の代わりを務めるわけだから大口径砲が必要で、艦齢いっぱいの老戦艦や老巡洋艦をこれに当て、日清・日露戦争で捕獲した敵艦も旭日旗をあげて日本海軍の海防艦に変身した。

太平洋戦争に突入すると、南方の戦場へのシーレーンの確保が重要となってくる。

最初は古い軽巡洋艦や駆逐艦、小さな駆潜艇などを護衛につけて輸送船団を送ったが、潜水艦の雷撃や空襲で次々と沈められ、ついには非武装の裸輸送になってしまった。陸軍と同じように海軍にも補給軽視の風潮があり、船団輸送用の護衛専門の艦種は初めから考えてもいなかった。

苦慮した海軍は、まったく泥縄式に護衛艦を作ることになり、昭和一八（一九四三）年から、大量生産に向く排水量八〇〇トン、砲二～三門、搭載爆雷一二〇個の戦時標準型のフネを昼夜兼行で一七〇隻建造した。任務のまったく違うこの新艦種もまた海防艦であった。

大戦後半、輸送船団護衛用に量産された丙型海防艦

巨砲を一発も撃つことなく戦時中むなしく時を過ごし、なすこともなく沈んでいった戦艦などにくらべて、この新海防艦は東西南北の第一線でイヤというほど戦いつづけた。

任務の重要さとはうらはらに、依然として海軍部内では軽く見られて、乗員も艦長が商船学校出の**予備士官**、士官も予備学生上がり、下士官・兵のほとんどは年とった応召兵や未熟な新兵から成り立っていた。

港を出たとたんに沈められる艦もあり、戦争が終わったときにはこの護衛艦隊はほとんど全滅、一万名を越える乗員が艦と運命を共にした。

海上自衛隊の任務は専守防衛の沿岸防備とシーレーンの確保だから、護衛艦はいわばこの海防艦といえるかもしれない。（海）

火焔びん【かえんびん】

都市ゲリラや過激派が大いに使っているこの即製武器については、いまさら説明することもないが、どうやらこれは日本陸軍の発明品らしい。

日本軍がこれをはじめて戦闘に使ったのは、昭和一四（一九三九）年の夏、モンゴル国境のノモンハン草原でソ連戦車に対してである。記録に残るヨーロッパ戦のモスクワ攻防戦やイタリア戦線でのソビエト軍やイタリア・ゲリラの対ドイツ戦車攻撃はそれより数年も後のことである。

このノモンハン**事件**に登場したソ連のＢＴ戦車は装甲も薄く、いまでいえば軽戦車で、当時の陸軍の口径の小さい三七ミリ**速射砲**や対戦車用の**破甲爆雷**でも撃破できるタイプのものであった。しかし、対機甲戦に手遅れの陸軍には、それすらもゆき渡っていなかった。敵戦車の数が日本軍の常識を超えて多すぎたわけだ。

戦場には兵隊たちの飲んだビールやサイダーの空びんがたくさん転がっており、これに目をつけて中に自動車のガソリンを詰め、口火用に布を押し込んで簡易即製の兵器とした。ときは真夏の炎天下であり、ソ連のBT戦車はまだガソリンエンジンで車体のエンジン部からは気化したガスが蒸発していたから、火焔びん（現在は火炎びんと表記）を投げつけると敵戦車はおもしろいように火を噴き爆発した。

砲弾よりも確実、手軽で安あがりだったため兵たちは快哉《かいさい》を叫んだが、まもなく敵がエンジンルームに金網をかぶせ、さらに不燃性のディーゼルエンジンに換装した新型戦車を繰り出してきた。そのためこの火攻め戦法は無効となって、戦車機銃の掃射の前に**肉攻班**は死体の山を築いたのである。（→肉攻上3）

しかし、その何十年も後にチェ・ゲバラは火炎びんこそゲリラ戦必須の武器であると説き、過激勢力は「火炎びん闘争」を展開し、わが国でもこれを封ずる「火炎びんの使用等の処罰に関する法律」が施行されている。（共・民）

火砲【かほう】

「火の出る砲」ではなくて、火薬を使って弾丸を発射する兵器の総称が「**火器**」であり、そのなかの口径の大きいものが火砲である。辞書には、火器とは〝火鉢《ひばち》のように火を入れる道具〟もあってややこしい。

遠くから敵を撃つ飛び道具の歴史は、手でとばす弓矢・投槍《なげやり》・ブーメランなどから大型の弩《クロスボウ》・投石機《カタパルト》などをへて、火薬エネルギーを利用する火器の時代に入るが、カテゴリーが定着するまでには長い時間がかかっている。

日本では**筒**と呼んで、口径・弾丸の大きいのが**大筒**《おおづつ》、携帯用の肩撃ち銃が筒や**鉄砲**、片手銃が**短筒**《たんづつ》と分けられていた。理屈をいえばすべて鉄で作られていたから鉄砲であろう。銃のなかには火薬を使わないものもあり、すでに江戸時代には気砲が作られ、いまでも圧縮空気やスプリングを利用した空気銃《エアライフル》や空気拳銃《エアピストル》や液化ガスをエネルギーとしたガス銃もあって、銃砲等取締法の網のなかできびしく管理されている。

第一次世界大戦では狙撃用や暗殺用に軍用空気銃も開発されているが、威力が弱いために立ち消えとなり現代の軍用銃砲は火器となった。

明治に入ると装備の近代化のために軍はそれまでの定義を整理して、火薬を使う銃砲の総称を火器として、口径の大きいものを火砲、あるいは略して砲、小さいものを小火器、あるいは銃に区分し、小火器をさらに小銃・機関銃・拳銃などに細分した。これから大砲や鉄砲は正式でない民間の俗語となり、「豆鉄砲」や「ひじ鉄砲」で残っている。また火薬使用の兵器を指す「**火兵**《かへい》」や、白くひらめく軍刀、銃剣など抜身の「**白兵**《はくへい》」に対して、赤い発射光を放つ「**赤兵**」などといった気取った熟語が文学的表現で使われる。

発射した弾丸に炸薬《さくやく》が内蔵されるか否かで銃と砲とを区別する考え方もあるが、口径の寸法で一線を引くのがふつうであった。はじめ、陸軍では口径一三ミリ以上、海軍では二〇ミリ以上（のち四〇ミリ以上）を砲としたから、キャリバー一五〇インチのマシンガンが陸軍では一三ミリ機関砲、海軍では一三ミリ機銃となった。四〇センチ、三〇センチの巨砲をドカンドカン撃っている海軍としては小さな豆鉄砲を砲と呼ぶのに抵抗があったのか。

やがて時代とともにロケットやミサイルが火器の仲間入りをするが、いずれも発射薬で撃つ火砲ではなく自走飛翔弾で、自衛隊でも火器のなかに小火器・火砲と並んでロケット・誘導弾を同列に扱っている。近代戦では騎兵の足と砲兵の打撃力を一体化した機甲部隊が花形となるが、戦車の搭載砲もふくめてやはり火砲は陸戦火力の主体であり、戦場に殷々《いんいん》轟く砲声は攻撃力のシンボルである。

昔の兵語辞典の「砲声」の説明もまたおもしろい。「はうせい＝大砲を発射せるときに起きる大なる音響（爆薬の発するとき）と、弾丸が目標付近にて破裂、または爆発するときの音響を総称す。砲声とは銃声と同じく少しくへだたりたる場所よりその音響のみを聞くときの語にして、時には手榴弾の音をも砲の音と混同することあるべし」（共）（→歩兵砲5・速射砲5・榴弾砲5・高射砲5・高角砲5・白兵上3）

臼砲【きゅうほう】

大砲の砲身を英語ではGUN BARRELというが、バレルは酒などを入れる樽《たる》のことである。

弱い素材の青銅や鋳鉄で作った昔の砲は肉厚で砲身も短く、樽のようにずんぐりした格好をしていたのでそれが語源となる。試行錯誤でいろいろと作りだされた砲の中には口径が砲身よりも大きい、まるで皿のような形のものまである。

農耕民族の日本人にとっては樽よりも臼《うす》のほうが身近だったようで、明治二（一八六九）年に鹿児島藩が新造した砲は十二斤《きん》臼砲と呼ばれる。のちに陸軍元帥にまで出世した設計者・大山巌の幼名をとって「彌《や》助《すけ》砲」の綽名がついたこの青銅砲は、一二センチの口径に対して砲身長は八三センチで、まさに樽に近い形をしている。（編集部注・やはり大山が設計した長四斤山砲も彌助砲と呼ばれている）

臼砲は砲身が短いために射程が短く、弾道も大きく湾曲するから明治時代には要塞攻撃の攻城砲や敵艦を射つ海岸砲に使われていたが、やがてより小型の迫撃砲にその座をゆずることになる。臼砲も迫撃砲も英語ではともにMORTERになる。

こうして臼砲は砲兵から姿を消したはずだったが、五〇年後の太平洋戦争のシンガポール要塞の攻略戦で、九八式臼砲という秘密兵器が姿を現わした。

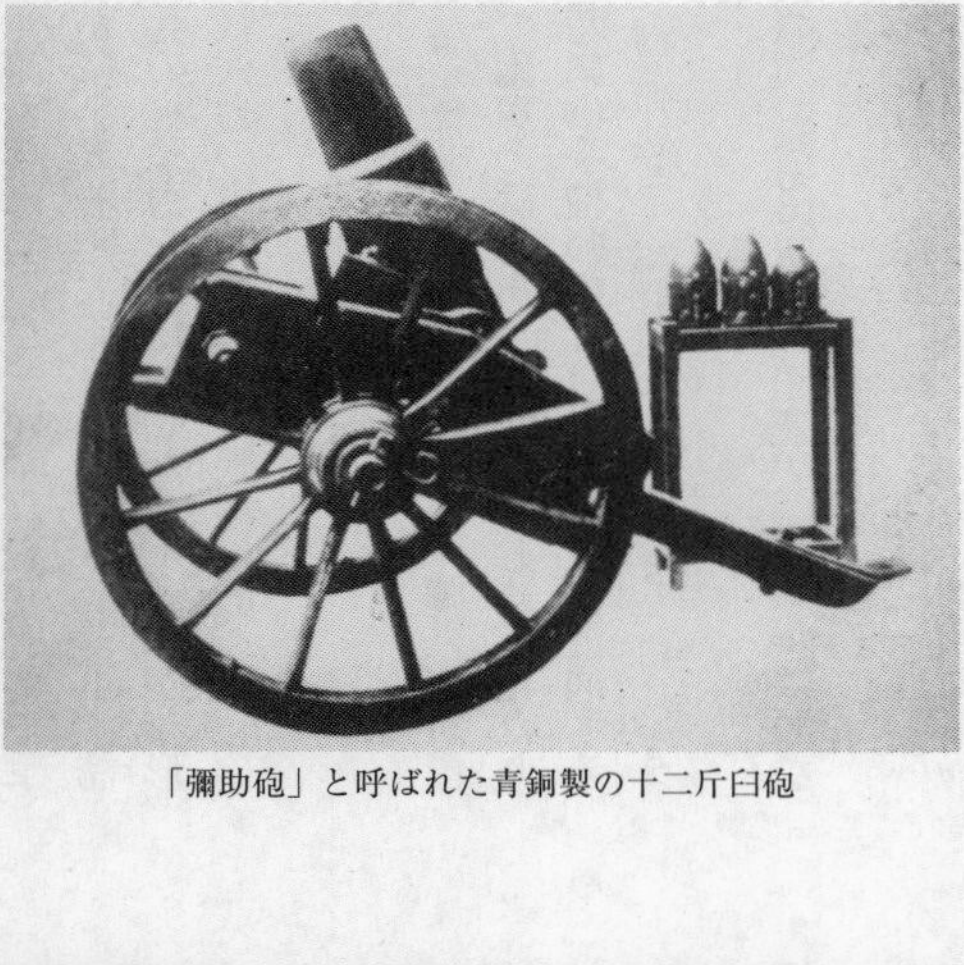

「彌助砲」と呼ばれた青銅製の十二斤臼砲

三二センチという野戦重砲なみの大口径のこの臼砲は、固定した砲身の上から前半が弾頭、後半が中空の有翼弾をかぶせて発射するという大砲の概念を破る独創的なアイデア製品であった。

射程がわずか三〇〇～一〇〇〇メートルと短くてあまり実用的ではないが、轟々《ごうごう》たる飛来音ともの凄い爆発音は守備兵の度肝《どぎも》を抜くのに十分だった。砲というよりもロケット発射筒のような投弾器の一種で、臼砲の名をかぶせたのも秘密を守るためだったのだろう。（陸）

（→榴弾砲5・加農砲5）

銀翼【ぎんよく】

海上を荒波を蹴立てて走る勇壮な軍艦を艨艟《もうどう》と呼んだように、轟々とエンジン音をとどろかせて空を飛ぶ陸海軍機の代名詞で、艨艟・銀翼と対語としても使われた。

中国で想像上の大鳥とされる鵬《おおとり》のつばさに見立てて鵬翼《ほうよく》の語もあったが、このほうはタバコの名前にはなったものの鈍重な感じがするためか、あまり使われてはいない。

航空機は、初期の時代は木骨布張りでつくられていたが、第一次世界大戦中から強度があって燃えにくい金属製になり、やがて木製のイギリスのモスキート戦闘爆撃機のような例外を除いて、ほとんどが金属製となった。機体や翼の磨き上げられた銀色のジュラルミン板は太陽にキラキラと輝いて、堂々たる大編隊の飛行ぶりは大空を飾った。

やがて戦争に入ると、若者たちの胸を躍らせたこの輝きは敵の目標になるばかりで、目立たない灰色や濃緑色、地上で敵の目から隠すための混合迷彩色のデザインに一変する。

〽銀翼連ねて　南の前線
ゆるがぬ護《まも》りの　海鷲《うみわし》たちが……

で始まる『ラバウル海軍航空隊』という戦時歌謡が内地で歌われるころには前線では銀翼は見られなくなっていた。ちなみに**荒鷲**《あらわし》も軍用機の代名詞で陸軍機は**陸鷲**《りくわし》、海軍機はこの歌にあるように**海鷲**となる。（共）

（→艨艟5）

軍艦【ぐんかん】　軍艦は現在の日本には一隻もいない。軍と兵の語句を使うことは自衛隊ではタブーであるからで、かつて戦も敵も禁句で、戦車は「特車」と呼ばれ、敵軍は「対抗部隊」と称していた。

ついでに**巡洋艦**や**駆逐艦**の名も消えて**護衛艦**がこれにとって代わっている。海軍の連合艦隊が入港していた横須賀軍港も同じように海上自衛隊の護衛艦隊のいる横須賀基地となったが、ここにはアメリカ海軍の軍艦と海自の護衛艦が同居している。まさに同体異称で、入港してくるアメリカ水兵にとっては、JAPANESE NAVAL WARSHIP（日本海軍の軍艦）である。

日本海軍でも自衛隊でも大きなフネが**艦**、小さなフネが**艇**で、合わせて艦艇と呼ばれ、排水量一〇〇〇トンがその基準であったが、時代とともに移り変わっている。艇は海上保安庁や消防庁にもあるが、艦は軍隊といって悪ければ海上武装集団にしか使われず、船は汽船や船舶の言葉があるように民間のフネを指す。

貨物船や油送船も軍籍に入ると輸送艦や給油艦になるが、例外として戦争中に徴用された民間の船舶が病院船や救難船になったりする。臨時に徴用改装して海軍籍に入った民間の船は、戦争が終わればまた戻されるはずで、これらは一括して特設艦船と呼ばれた。

大洋を舞台にはなやかに活躍していた海運会社の豪華客船も次々と徴用され改造航空母艦に姿を変え、やがて沈んでいったが、これらも特設艦船の一つで厳密には軍艦ではない。

ピーク時の日本海軍は、海軍に本籍のある艦艇が九九二隻、一九一万トン、民間に本籍のある特設艦船が一四一九隻、それに曳船などの小さな雑役船七五〇〇隻を加えると実に三〇〇万トン、一万隻に近い堂々たる集団で国民の誇りでもあった。

ふつう、国民はこれらを一括して海軍の軍艦とみなしていたが、部内での軍艦の規定はもっと厳密で範囲は小さい。

軍艦とは艦艇の中の戦艦・巡洋艦・練習巡洋艦・航空母艦・水上機母艦・潜水母艦・敷設艦・砲艦に限ら

紀元2600年の特別観艦式記念絵はがき（海軍省制作）

れ、花形の戦闘艦種である駆逐艦も潜水艦も軍艦ではない。もちろん**工作艦**や**砕氷艦**などの補助艦や小さな艇、いまのべた特設艦艇は軍艦とは認めてもらえなかった。

これらの〝軍艦〟にかぎって艦首には〝陛下のフネ〟としてのシンボル「菊の御紋章」が輝いていた。

艦の大小でなく艦種で区分されているから、わずか二〇五トンのちっぽけな**砲艦**「熱海」に御紋章はついているのに、当時世界一の大きさを記録する三五〇〇トンの超大型潜水艦の「イ四〇〇」にはついていない。

いま横須賀基地の脇に静かに眠っている日本海海戦の記念戦艦「三笠」も日露戦争のあと、老朽化のため**海防艦**に格下げされたときに、艦首の菊紋ははずされてしまった。

軍艦がふたたび日本の海に浮かぶかどうかは皆目見当がつかないが、〽守るも攻むるもくろがねの……の『**軍艦マーチ**』は一貫してパチンコ屋の店頭を賑わしている。（海）

（→御紋章8・海防艦5）

軍鳩【ぐんきゅう】　日本陸軍は各国に習って人間に馴染んだ動物を軍用として利用した。

もっとも多いのが将校や騎兵の乗馬、大砲や荷車を引く輓《ばん》馬、背に物資を載せて運ぶ駄馬などの軍用馬―**軍馬**である。

次は昔から人類の友といわれイギリスやドイツの軍隊に定着していた軍用犬—**軍犬**で、その嗅覚や攻撃性を利用して**歩哨**《ほしょう》や警戒兵とともに働き、ときには敏捷な脚力で本隊への伝令などに使われる。外国ではドーベルマンやブルドッグが好まれるが、第一次世界大戦のあと陸軍が輸入したのがシェパードだったので、日本ではこの犬種が軍犬の代名詞にもなっていた。

最後がこの軍用鳩—軍鳩で、鳩の帰巣《きそう》本能を利用して分遣《ぶんけん》隊《たい》から本隊へ報告文書を脚に結びつけて飛ばせる伝書鳩として利用した。

陸軍ではこれらの動物を補助兵器扱いと重視して兵隊よりも大切に扱い、民間に補助金を出して馬・犬・鳩を大いに飼わせた。

いざ戦争が始まるとさっそく軍用として買い入れ、あるいは**徴用**（一時的借用）して兵とともに第一線に出動する。

将兵の功績に対して金鵄勲章があったように、これらの軍用動物の手柄に対しても勲章ともいえる**軍**（馬・犬・鳩）**功労章**もあった。

軍馬は額に、軍犬は首に、軍鳩は脚につけられて輝き、金章・銀章のある点は、まるでオリンピックメダルであった。

輸送用の車両から飛び立つ日本陸軍の軍鳩

第二次世界大戦のころには、光学兵器や通信兵器が発達してしだいに犬や鳩の本能にたよることをやめ影が薄くなってきたが、軍馬だけは最後の最後まで兵たちとともに酷使されつづけた。

徴用され前線に出かけた軍馬は数十万頭ともいわれ、終戦とともに生き残った人間たちは復員してきたが、すべてのこれら軍用動物は一頭一羽も戻ってこなかった。

靖国神社には、これを弔って「戦歿馬慰霊像」、「鳩魂塔」、「軍犬慰霊像」が残され、涙をさそっている。（陸）

軍刀【ぐんとう】　〝軍人の持つ戦闘用の刀〟とあるが源平以来、武士の帯刀が当たり前だった時代にはとくに軍刀とはいわない。明治の廃刀令で軍人や警官以外の帯刀が禁止され、日本刀が美術品になったときに軍刀という言葉が生まれてきた。

車輌がまだ普及していなかった日本軍は、先進諸国のなかで第二次世界大戦の最後まで軍馬を使っていた数少ない国の一つだが、制式兵器として刀を装備していた唯一の軍隊であろう。

日中戦争の初期には、相手の中国軍も将校の軍刀を廃止しており、なかには先祖伝来の幅広の青竜刀を背負った中国兵もいて日本刀対青竜刀の斬り合いも見られたが、そんな古典的なシーンはやがて姿を消す。

少々乱暴な分け方だが、民族を大きく狩猟・肉食民族と農耕・草食民族に分類すると、猟具としての弓矢・銃と農耕具としての鋤《すき》・鍬《くわ》などの刃物への馴れや愛着の度合いに差が出てくる。弥生時代以来の農耕民族であり周りの海から採れる魚をさばくのも包丁で、女性たちにも刃物へのアレルギーは銃に対するほどはない。

日本では、ヨーロッパからの銃の伝来が遅かったこともあって国内の戦いでは刀槍が主兵器だった。とくに日本刀がよく鍛練されて斬れ味もよく姿も美しく、長い間、武士の魂とされた歴史もあって軍の中に残った日本刀重視には信仰に近いものがあった。そしてそれが建軍以来、明治・大正・昭和へとうけつがれていく。

維新戦争のころには、外国では兵隊の携帯兵器はすでに小銃とそれに着ける銃剣だけになっていたが、わが国ではまだ日本刀を差し銃剣を持った二重装備で戦っていた。

明治陸軍がすべてヨーロッパ方式を手本に育っていき、将兵の軍刀もサーベル型の洋刀となったが、それは外見だけ。なかには洋行帰りの洒落者がフランス製のサーベルを身につけていたが、多くはつい先ごろまで腰に帯びていた家宝の日本刀を洋刀の外装に仕込んで腰に下げた。同じように、廃刀令で集められた旧武士階級の日本刀は、大阪の砲兵工廠で洋式外装に仕込まれて下士官や騎兵・砲兵用の官給兵器に姿を変えた。

欧米の軍刀の用法は斬ることより刺突《しとつ》にあり、そのため先端が両刃の剣になっていたり柄《つか》が片手握りとなっているが、日本刀を仕込んだ軍刀はそのまま斬撃専用の片刃で、柄も両手握りに替えられてある。多くの軍隊の銃剣が刺突専用の両刃であったのに、日本軍の三十年式銃剣は短いながら日本刀の形をした片刃であり、銃剣で斬りむすぶ「**片手銃剣術**」もあった。

大正三（一九一四）年に始まった第一次世界大戦では大量殺戮《さつりく》兵器の発達がめざましく、すでに格闘戦の時代は終わって将校たちの腰から軍刀が消えていったが、日清・日露戦争で局地的に白兵戦の効果を味わった日本軍はますます白兵戦を賞揚するようになり軍刀は廃止されなかった。それどころか昭和一三（一九三八）年にはそれまでの洋式サーベル型の外装を全廃して、いっきょに七百年逆戻りして鎌倉時代の陣太刀を形取った復古調の新軍刀を制定した。

明治以来の西洋文明一辺倒に反発した昭和ナショナリズムの発露だったのだろうが、糸巻きの柄《つか》や木の鞘《さや》は、黄塵の舞う中国大陸や湿気の多い南方戦線ではずいぶんと始末に困ったことだろう。

将校の軍刀は自弁の私物兵器だから一定の制式はあるが寸法も中身も自由で、なかには柄に家紋をはめ込んだダンディもいた。下士官・兵用の軍刀は造兵廠《ぞうへいしょう》で作った量産品で騎兵の攻撃用甲型が刀身八一・五センチ、砲兵・憲兵などの自衛用乙型が七五・四センチと短い。

農耕民族にいつまでも銃に対する違和感が本能的に残っているように、すでに戦場で白刃を見なくなって久しい狩猟民族が出会った日本軍の白兵突撃に対する恐怖感も想像外であった。捕まった捕虜やスパイが処刑されるとき、ことに首を斬り落とされる軍刀による刑よりも流血の少ない銃殺を望んだのも民族の差によるものだろう。

昭和一二（一九三七）年、日中戦争が上海から首都南京に迫る戦闘中に二人の若い日本人将校が「百人斬り競争」を始め、従軍記者も記事にしてはやし立てた。結局二人とも百人に至らずに競争は終わったが、戦後、これは戦争犯罪問題に発展する。

戦争が敗戦に終わると各地で日本軍は降伏式を行ない、武装解除された。支那派遣軍の岡村寧次《やすじ》大将は自分の愛刀を中国軍の何《か》応欽《おうきん》大将に差し出し、南方総軍の寺内寿一元帥は英軍のマウントバッテン元帥に贈った。大将が刀を敵に渡すということは完全な降伏のしるしである。この二振りの軍刀は今でも北京とロンドンの軍事博物館に勝利の記念品として大切に保存されている。

昭和四九（一九七四）年、戦後三〇年間もフィリピンのルバング島で〝たった一人の戦争〟を闘っていた**小野田寛郎**少尉が救出されたとき、身には**三八式歩兵銃**と軍刀を携えており、降伏式で彼もこの軍刀をフィリピン軍の指揮官に渡した。この「日本軍最後の軍刀」は間もなく返されたが、受け取り手もないまま厚生省から靖国神社に移り、遊就館の倉庫のなかで眠っている。（共）

（↓牛蒡剣5）

槓桿【こうかん】　辞書によると槓はてこ、桿はてこぼうで、合わせると〝物理学で支点・力点の位置作用により物の抵抗力にうち勝つしかけに用うる棒〟とある。もっとわかりやすくいうと、ドアを閉めてロックするかんぬき棒がこれにあたる。

明治のはじめ、軍隊が外国からぞくぞくと輸入していた当時の小銃は、まだガスの力で自動的に送弾・排莢《はいきょう》（空《から》の薬莢《やっきょう》を外に排出）する自動銃は現われておらず、単発銃・連発銃を問わず、機関部の横に突き出している握りのついた棒を手で前後して、一発ずつ薬室に送り込み、発射後も手動で排莢する手動式小銃であった。この棒を軍は槓桿と名づけた。いいいてこぼうでもかんぬきでもよかったはずだが、例によっていかめしい漢語をまた引っぱり出している。

兵器は多くの部品を組み立ててでき上がっているから、外国から新兵器を輸入すると、そのすべての部品・部分に名称をつけるという難作業が生まれてくる。

小銃や拳銃などの簡単なメカニズムでも数十パーツから成り立っているから、戦車・航空機・艦船ともなると数百、数千のパーツの命名をしていかなければならない。

万事スマートをもって要領とした日本海軍は、翻訳の難しい言葉は原語をそのまま生かすこともあったが、より国粋主義の強い陸軍は一つ一つ丹念に言葉を探し出してあてはめたり創作した。従来、世間で使われていた和語もあり、本の中でしか見られないような古い漢語のリバイバルもあり、まったく知恵を絞って創り出した新造語もあった。

表意文字の漢語の場合は、じっくりと字を見つめれば、だいたいどのようなものかは想像できるが、明治初・中期の日本人兵士のほとんどはまだ未教育の者が多く、「槓桿」はもちろん読めず、読めても意味がわかるはずもなかった。

槓桿はコウカンであり、こわい古年兵から実物を見せられて〝これがコウカンだ〟と教えられれば、そう覚えるだけでよかった。覚えが悪ければ怒声とびんたで結局は覚えていった。耳ざわりの点では、テコボウやカンヌキよりもコウカンのほうが覚えやすかったかもしれない。

日本の最も代表的な兵器であった三八式歩兵銃の部品表からひろい上げた次の部品名称から、それが何であるかを理解できる人は、軍隊経験者を除いてどれほどあるだろうか。

遊底《ゆうてい》、照尺、木被《もくひ》、安全子、用心鉄、床尾板《しょうびはん》、上帯《じょうたい》、さく杖《じょう》、弾倉底板、床冠《しょうかん》、尾筒《びとう》など。

それではこの槓桿の原語は何だろうか。英語では、まったく単純にボルト（BOLT）であり、槓桿手動式小銃はボルトアクション・ライフルである。つまり、てこぼうもかんぬきもドアの差し金も同じボルトになる。

同じように弾薬を前に送る遊底は滑るからスライド（SLIDE）、弾倉は倉庫と同じマガジン（MAGAZINE）、大小さまざまの金属環はすべて簡単にバンド（BAND）でしかない。

どうやら英語圏では一つの言葉をさまざまに応用して使い、漢語圏では一つ一つ真面目に規定しなければ気がすまないきちょうめんさがあるようだ。表音文字民族と表意文字民族の差もあるが、日本語の語彙《ごい》のほうが英語のそれよりもはるかに多く、選択の余地が広いのかもしれない。日本語にあって英語にない言葉も数多い。

ついでにいえば、兵士たちにとって身近な用語である弾丸・火薬・銃身はそれぞれ簡単にボール（BALL）、パウダー（POWDER）、バレル（BARREL）である。

はじめ弾丸はすべて球弾であったためにボールで、野球のボールと共用であり、パウダーは粉で、薬や化粧用の粉と共用、バレルは初期の砲身が太く樽のようであったため樽と共用される。

これを日本語におき換えても、タマはともかくコナとかタルでは意味がつかめず、改めて火薬や銃砲身などの表意文字を使わざるをえない。

江戸時代には、鉄砲は学のない足軽の道具であったため、気軽に〝筒にくすりとたまをこめて撃つ〟ていたものが、軍の権威を重んじる明治に入ると〝槓桿を操作して薬室に弾薬筒を装塡《てん》し発射する〟ようになった。

槓桿は鋼鉄製であり、その槓桿頭《こうかんとう》と呼ばれた卵形の握りの部分はとくに固い。兵隊は軍隊語をもじってしばしば日常語に転用するウイットをもっていたが、コチコチで融通の利かない石頭の人間を評して〝こうかんとう〟といって笑った。

笑われるのは、ボルトという平易な言葉を槓桿と訳した当時の〝こうかんとう〟にあるのかもしれない。(共)

(↓三八式歩兵銃5)

高射砲・高角砲【こうしゃほう・こうかくほう】

同じように航空機を狙って撃つ大砲なのに陸軍では高射砲といい、海軍ではわざわざ言い換えて高角砲といったのはなぜだろうか?

高い所を撃つから高射砲で、射角を大きくとって空を撃つから高角砲というのはよく判るが、同じ言葉ではいけない理由が見当たらない。英語では素直にANTI AIRCRAFT GUN(対航空機砲)である。

第一次世界大戦で航空機が新兵器として戦場に姿を現わすと、敵味方ともあわてて野砲や山砲を台の上に引っ張り上げて仰角をつけ、空めがけて榴散弾をぶっ放したりした。やがて対空射撃専用の高射砲が生まれると、航空機と高射砲のシーソーゲームが始まった。当たる高射砲と当たらない航空機の開発ゲームである。高空を撃つための高射砲には初速が速い、射程が長い、弾道が低い（低伸弾道）などの特性があり、そのために砲身も長い。

　第一次世界大戦から第二次世界大戦にかけて、これに目をつけた各国軍は手を加えて対空射撃以外にも活用した。ナチス・ドイツ軍は徹甲弾《てっこうだん》を装塡して対戦車砲として使い、日本軍も装甲列車から榴弾を撃ったり改造して戦車に乗せ戦車砲に採用したりしている。

　航空機が超高空を超高速で飛ぶようになるともう高射砲の弾丸は届かず追いつかず、時代遅れとなって次の世代を対空誘導弾《ミサイル》にバトンタッチした。いまでは遠距離・中距離は誘導弾にまかせて、機甲部隊の上空援護や飛行場・陣地などの局地の低空防衛は高射機関砲の仕事と部署を決めている。

　一分間一一〇〇発のエリコン双連高射機関砲

敵機を撃つ火砲を陸軍は高射砲、海軍では高角砲と呼ぶ

や三〇〇〇発のバルカン多銃身対空機関砲などは凄まじい発射速度をもつ機関砲だが、「スティンガー」のような一人の兵で操作できる携帯式対空誘導弾が現われると、この区割も少々怪しくなってくる。いまの自衛隊も誘導弾と速射砲・機関砲となり、飛行船や複葉機と同じ運命をたどって高射砲も高角砲も姿を消していった。

話を前にもどすと、それぞれ独自性を主張したとはいえ、日本の陸軍と海軍とはよほど仲が悪かったのだろうか。同じ口径七五ミリ、三インチ砲でも陸軍は七センチ高射砲、七・五センチ高射砲と呼び、海軍では八センチ高角砲という。

夜空を照らすサーチライトも陸軍は照空灯と呼び海軍は探照灯という。これは名前の違いだけならまだ笑い話ですむが、機構・部品から弾薬まで双方に互換性がないとなると大きな問題となってくる。

陸海共同防衛の島に夜、空襲があると陸軍は照空灯を照らし高射砲を撃ち、海軍は探照灯を照らして高角砲を撃つ。敵機にはどちらのタマだか区別できたのだろうか。（共）

（→榴弾砲5・加農砲5・速射砲5・臼砲5）

甲鉄艦【こうてっかん】

甲はヨロイだから鉄を「よろった」軍艦ということになる。各国とも艦艇が鋼鉄製の現代では、いかにも時代めいた言葉だが、艦全体が鉄製となったのはこの一世紀そこそこのことである。

嘉永六（一八五三）年、ペリー提督に率いられて浦賀に入り日本中を大騒動させた黒船も色は黒いが鉄骨木皮艦であった。

明治二七（一八九四）年の**日清戦争**の黄海海戦でも参加一二隻の日本軍艦のうち甲鉄艦は**海防艦**の「比叡《ひえい》」ただ一隻であった。それも舷側に薄い鉄板を張っただけで、あとは急所だけ鉄板を張った半甲鉄艦が二隻、残りはすべて木骨木皮の軍艦であった。

明治二（一八六九）年、できたばかりの新政府はアメリカ政府から一隻の軍艦を買った。五年前にフランスのボルドー造船所で造られてアメリカ南北戦争で南軍に売られ、南軍の敗北で北軍のものとなり、さらに日本に売られるという数奇な運命をたどった一三〇〇トンの船である。

貧乏新政府が大金をはたいて買ったこの船は、回転式砲塔の周りが一〇センチの厚さの鉄で装甲されている憧れの甲鉄艦で、そのまま「甲鉄」と命名された。

大政奉還、江戸城明け渡しのあとも函館に逃走して気勢を上げていた旧徳川幕府海軍にとってもこの新兵器は垂涎《すいぜん》の的で、この船を分捕る作戦をたて官軍艦隊が碇泊している岩手県の宮古湾になぐり込んだ。半装甲とはいえ、さすが防御力は強靭で、これも新兵器の艦載ガトリング機関砲の前に奪取作戦は失敗に終わる。

現代の艦艇がすべて鋼鉄製といったが例外もある。あるとき、海上自衛隊の掃海艇に試乗したが、艇長が「ご安心ください。けっして沈みません。木でできていますから……」と笑っていた。磁気機雷にそなえて掃海艇は今でも木造である。（海）

牛蒡剣【ごぼうけん】 小銃の先に着剣して格闘戦に使う銃剣の形がごぼうに似ているところからきた俗称。三八式歩兵銃と三〇年式銃剣のセットは日本兵のシンボルでもあった。

明治のはじめ、銃とともに輸入されてきた欧米の銃剣は刺突専用であったから両刃の剣であり、なかには大きく反りのあるタイプもあった。

日清戦争の戦訓を取り入れて作られた三〇年式銃剣はデザインが一変し、直刀片刃の小太刀のようになった。全長も各国の標準よりも長く五二センチあり、歩兵銃に着剣すると兵士の身長よりも長くなる。

これは欧米人に比べて腕が短い日本兵のリーチを補うためであり、両刃の剣でなく片刃の刀としたのは刺突だけでなく、長刀《なぎなた》として斬撃にも使え、さらに握って小刀としても使えるという多くの要求を満たすためであった。

小銃数の少ない砲兵や工兵などにとっては最小限の自衛用兵器であり、戦闘の他に壕を掘ったり木を切ったり、玉砕戦場では三〇年式銃剣は古式にのっとった切腹の道具ともなった。銃剣だけで戦う「**短剣術**」もあり、武士の魂として刀剣を愛好する民族性の表われた兵器でもあった。

白兵戦の機会が少なくなった現在では、各国とも寸法の短い両刃の銃剣になっているが、ナイフ代わりに地雷を掘ったり缶詰を開けたり、ときにはかみそり代わりに使っていて、もうごぼう剣とは呼べない。(共)

(↓三八式歩兵銃5・白兵上3)

日露戦争直後に制定された小銃で、三八式は採用年の明治三八（一九〇五）年からきている。

三八式歩兵銃【さんぱちしきほへいじゅう】

口径六・五ミリ、全長一二八センチ、重量三・九五キロ、射程三〇〇〇メートルでボルトを前後に動かして手動で操作する五連発銃である。歩兵用に歩兵銃があるように騎兵用にはもっと軽くて短い三八式騎銃があり、三〇センチ短く〇・五キロ軽い。

当時としては世界最新鋭の性能で、手動式小銃としては改良の余地のないほど完成の域に達していたと評価されている。欠点としては、口径が小さいため威力が小さく、長く重すぎて兵士に負担がかかるなどから、昭和一四（一九三九）年には構造はそのままの手動式連発銃で口径を七・七ミリに広げ、二〇センチ短く〇・二キロ軽くした**九九式短小銃**を作った。「短」の字を加えたところが、ミソである。

軍部では旧式の三八式を新式の九九式に転換するため大車輪をかけたが、相つぐ増員に追いつかず終戦まで新旧二つのモデルが使われた。国力不足のため六・五ミリと七・七ミリの制式弾種がダブって使われるという矛盾も生じた。

明治三八年の制式兵器が四〇年もの長い間使われたわけだが、なにも明治三八年製というわけでもなく大正製や昭和製の三八式もある。「ガチャガチャ手で動かす五連発で、アメリカのライフルやカービン銃などの自動銃に勝てるわけはない」などという短絡した説もあるが、これは間違いである。

開戦時の主要歩兵携帯火器は日本軍の三八式歩兵銃と同じように、米軍のスプリングフィールド銃、英軍のエンフィールド銃、ドイツ軍のモーゼル銃、ソ連軍のナガン銃など、いずれも手動銃で、スプリングフィールド銃は一九〇三年と三八式より古く、モーゼル銃などは前世紀の一八九八年の制定である。自動銃は速射性は優れているが、回転不良を起こしやすい、弾薬消耗が多すぎる、何よりも製造コストが高すぎるなどから、理屈では自動銃がほしいとはわかっていても各国とも国力に限界があった。

昭和一八（一九四三）年のガダルカナル島の反攻の時期あたりから米軍は自動銃に装備替えをし、各国軍とも新式の自動銃や拳銃弾を発射する機関短銃（サブマシンガン）を持ち始めたが終戦までどの国も完備できず、全軍を自動銃に統一できたのは金持ちの米軍だけであったから、日本軍ばかりを責めるのは酷であろう。

このように三八式歩兵銃は日本軍で最も多く最も長く使われた銃で、多くの兵士たちがこの銃を抱いて戦死した。兵営

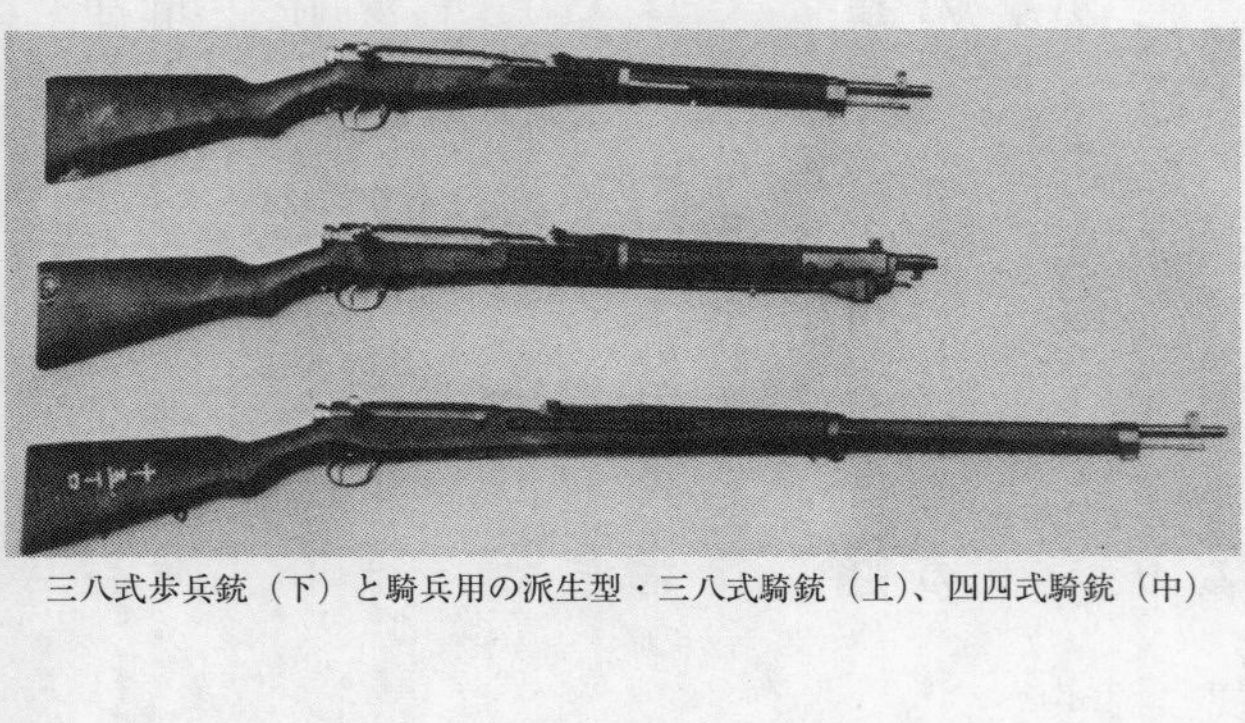

三八式歩兵銃（下）と騎兵用の派生型・三八式騎銃（上)、四四式騎銃（中）

内で起居をともにし訓練・演習でなじみ生死をともにするわけだから、元兵士たちのこの歩兵銃への思い出もひとしおである。ときには武士の魂として人間よりも大事にされ、手入れが悪いと班長から「三八式歩兵銃殿、悪うございました」と物言わぬ銃に頭を下げさせられる悲喜劇もあった。加登川幸太郎氏の日本陸軍七五年史の表題が『三八式歩兵銃』というのもこの心である。

ちなみに兵器の年式のつけ方についていうと、明治の初期は一八年式村田銃と年を入れ、後期は三八式・四四《よんよん》式というように年を省いた。数字は明治年号である。大正に入るとまた年が復活し三年式機関銃、一四年式拳銃と戻るが、昭和にいたると神武天皇以来の皇紀を使い始めその下二桁《しもふたけた》をつけた。九九式短小銃は皇紀二五九九（西暦一九三九、昭和一四）年の制定兵器となる。その最も有名なのが皇紀二六〇〇年に制式化した「零戦」であろう。（共）　（→零戦5・銃口蓋5）

銃口蓋【じゅうこうがい】　小銃の銃口につけるフタ。真ちゅうや鉄・ベークライトなどでできており、銃口にかぶせて半回転するとはずれなくなる。一八九四年の清国との日清戦争は、はじめての単発国産小銃の村田銃をかついで戦った。性能においては清国軍の旧式小銃に勝ったものの、朝鮮半島北部や満州（現中国東北部）の戦場での夏は黄砂、冬はブリザードに悩まされた。いずれも機関部に入れば閉鎖不能となって射撃できないし、銃口がつまると暴発を起こす。

このため次の連発式新小銃を作るさいに、設計者の有坂成章大佐が考え出したのがこのフタで、この簡単なフタの工夫を採用したのは当時、ドイツ軍と日本軍だけであった。実のところ、当時の日本は現在では想像もできないような貧乏国で、故障を起こしても予備の銃身を代えるゆとりはなく、細かく安上がりの工夫で貧しさをカバーするしかなかったのである。

これと同じようなことは兵器体系の全般に見られ、小銃弾がそのまま使える装置をほどこした大正一一年制定の軽機関銃、昭和七年制定の直射と曲射の両方ができる歩兵砲、安くて手軽な昭和九年制定の**擲弾筒**《てきだんとう》、片刃長身で斬り合いにも使える明治三〇年制定の銃剣など、いずれも欧米の先進国軍には例を見ない兵器が生み出された。金の不足を知恵でおぎなったやりくり算段である。

このように無理を重ねた軍備だったため、兵器に対する愛護精神は常識を超え、病的なものにまでなってくる。

小銃には**菊の紋章**が刻み込まれて「天皇陛下からの預かり物」とし、手入れが悪ければびんた、傷つければ半殺し、銃剣でも折ろうものなら営倉入りで昇進も取り消される。銃口にかぶせる長さ三センチのこの金属片は取りつけも簡単なら、はずれるのも簡単で訓練や演習でしばしば紛失した。最初は班全員で、それでも見つからなければ中隊全員で暗くなるまで探し回った、初年兵泣かせの品物であった。

ところが、たてまえの社会ではかならず裏があるもので、初年兵がこれを紛失すると親切な先輩がどこからともなく見つけ出して帳尻を合わせてくれた。調達先はたいてい隣りの班や中隊で、そこから失敬してくるわけだから、そこにまた新しい犠牲者が生まれるのだが、そんなことは知ったことではない。場所によっては兵営の前にある俗称**軍隊屋**で調達してきた。もともとは兵隊や面会人に雑貨を売る店で、除隊記念の杯や手拭いなども売っていたが、求めに応じて官給品であるはずの正規の軍帽や靴、シャツ・カラー・記章・ボタンなどのほか、紛失しがちな兵器の部品まで金で手に入れることができた。

まさか軍隊から失敬してきたはずもないから、メーカーから横流しか古参下士官の小遣いかせぎの「員数外」の出物であったのであろう。軍隊屋の存在そのものが建て前社会の必要悪的存在で、全体の黙認のうえに成り立っていた。助けられた新兵も多かったはずである。

（共）　（→員数7）

重巡・軽巡【じゅうじゅん・けいじゅん】　戦艦や航空母艦と同じように巡洋艦という艦種は今の日本にはない。最新鋭のイージスシステム搭載の「こんごう級」などは七二〇〇トンもあってりっぱな巡洋艦なのだが、やはりただの**護衛艦**である。

昔の本には巡洋艦とは「速力と航続力が大で、主力の戦艦の耳となり目となり手足となって戦場を縦横無尽《じゅうおうむじん》に駆けめぐり、戦艦の強大な攻撃力を十分に発揮させる艦種——」とある。戦艦の女房役のようなものだから、亭主が亡くなった今、必要もないのだろうか？

この巡洋艦を大小に分けて**重巡洋艦**・**軽巡洋艦**とし、その略が重巡・軽巡なのだが、海軍での正規の呼び名は一等巡洋艦と二等巡洋艦である。海軍の数ある艦艇のなかで、巡洋艦・駆逐艦・潜水艦・輸送艦などは、おもに排水量トン数の大小で一等・二等にランクづけされた。日露戦争のあとまでは一等戦艦「三笠」とか、二等海防艦「児島」とかがあったが、これは廃止されている。

駆逐艦・潜水艦・輸送艦は排水量一〇〇〇トンの線で以上を一等、以下を二等に分けたが巡洋艦の場合は少々違っている。

明治三一（一八九八）年に海軍に初めて艦種類別の標準が制定されたとき、巡洋艦については大・中・小型に分け、七〇〇〇トン以上を一等、三五〇〇トン以上を二等、それ以下を三等に区分けした。

大正時代に入って三等を廃止して排水量七〇〇〇トンの線で一・二等に類別した。一万トンクラスの大型艦も出てきたからである。

ところが昭和五（一九三〇）年、各国の海軍代表が集まって開かれた「**ロンドン軍縮条約会議**」で、主砲の口

城郭のような艦橋構造物をもつ高雄型１万トン重巡

径が一五・五センチより大きい艦をAクラス（日本では甲級）、以下をBクラス（乙級）と区分して、それぞれの保有量が制限された。

ランクづけの基準が排水量から備砲口径の大小に変わったため、それまでの一・二等の区分けが混乱し国際的にも具合が悪いので、甲級巡洋艦・乙級巡洋艦と呼び名が変わった。しかし、このあと昭和九（一九三四）年までには六インチ以上の大口径砲をもつ七〇〇〇トン以下の新造艦がぞくぞく登場したため、ふたたび元の一等・二等の区分けに戻った。

ところが雑誌や新聞の記事などでは正式名では堅苦しいので一等・二等を重巡・軽巡、大ざっぱに大・中・小に分けて大巡・小巡、軍縮時代のなごりの甲級・乙級から甲巡・乙巡などの通称がよく使われた。公式の大本営発表でも「撃沈―新型巡洋艦一隻、轟沈《ごうちん》―乙級巡洋艦一隻、大破炎上―輸送船三隻」などと放送された。

沈めた敵艦の艦名はもちろん、艦種も定かでないときにはこの甲・乙、大・小は便利な表現で、味方の軍艦の写真を発表するときにも、防諜《ぼうちょう》上、艦名を出せないので「ああ堂々南海を往《ゆ》く我が重巡――」などと重宝に使われた。

この重軽による兵器の分類法は、なにも艦艇に限らず地上・航空兵器でも使われている。外国でもLIGHT, HEAVYとして、自衛隊でも79式対舟艇対戦車誘導弾を従来の64式ＭＡＴ（マット）にくらべて「重《じゅう》ＭＡＴ（マット）」などの通称で呼んでいる。

通称や俗称をのぞいて制式名に絞ってみても、陸戦兵器では九二式重機関銃、九九式軽機関銃などを略して重機・軽機などがある。はじめは機関銃だけだったが歩兵用の小型機関銃が生まれたため、それまでの機関銃が重機関銃となった。

大正時代につくられた十年式擲弾筒《てきだんとう》のあと、より強力な新型は八九式重擲弾筒となった。迫撃砲も口径と射程によって重迫・中迫・軽迫と呼ばれる。

戦車も欧米にならって重戦車・中戦車・軽戦車といちおうの区分けはされたが、国力の差で結局、欧米並みの重量級戦車は試作段階で断念して実用化されず、中戦車と軽戦車だけに終わった。国際基準の差とでもいうか、日本の中戦車は欧米の軽戦車クラスでアメリカ・ソビエトの中戦車とは互角の戦いができなかった。

航空機では、陸軍に九七式重爆撃機、九九式軽爆撃機などの重爆・軽爆があったが、外国にあった強馬力・重武装の重戦闘機は生まれていない。

それまでの重爆撃機よりはるかに大型のＢ17爆撃機がアメリカに誕生したとき、「超重爆撃機〝空の要塞〟」と呼ばれ、そのあとさらに一まわり大きいＢ29爆撃機ができると、「超空の要塞（SUPER FORTRESS）」のニックネームがつけられた。結局、陸戦・航空兵器の分野では日本にはスケールの大きな兵器は現われていない。

いまもって世界最大の戦艦の神話をもつ「大和」「武蔵」以外の日本の兵器は、やはり「軽薄短小」の世界に生きていたのだろうか。（海）　（↓伊号潜水艦5・弩級戦艦5・軍艦5）

手榴弾【しゅりゅうだん】

手で投げる破片効果のある榴弾のことだが、「榴《ざくろ》」が常用漢字にないために新聞などのマスコミでは**手投げ弾**などの言葉を使っている。漢語教育で育ったオジンには、手投げ弾よりも手榴弾のほうが何かずっしりと威力のありそうな語感がある。

戦争中には軍隊や学校では「てりゅうだん」と呼んでいた。手本や消印などと同じ上を訓で下を音で読む湯桶読《ゆとう》みだが、融通自在の日本人の民族性は何のこだわりもなく使っている。

もともとは一九〇四年の日露戦争で、旅順要塞の攻撃のときに砲弾の不足のために、兵士たちが空缶《あきかん》に黒色火薬を詰めて投げた即製爆薬がその始まりだが、そのときは手投弾《しゅとうだん》とか手投爆弾とか呼んでいた。

第一次世界大戦に入ると西部戦線で塹壕《ざんごう》の奪い合いとなり、敵味方ともこの手榴弾（HAND GRENADE）を多用したが、日本軍に制式の手榴弾が生まれたのは、もっと後の昭和六（一九三一）年の九一式手榴弾である。この年は日本特有の紀年、皇紀二五九一年にあたりその名がついた。ブリキ缶でなく刻み目のある鋳鉄《ちゅうてつ》に火薬を詰め、五、六秒の時限信管をつけて制式爆薬となった。

この他、大正から昭和にかけて右翼・左翼のテロリストたちが自家製の爆弾を作って要人たちを襲ったが、このほうは単に爆弾とか**爆裂弾**とか呼ばれており、手榴弾は軍隊内だけの言葉であり、現在、自衛隊もこれを踏襲している。

日本の戦史にこの手榴弾がはじめて登場したのは、なんと一二七四〜八一年のモンゴル軍の九州への侵攻、文永・弘安の「元寇《げんこう》の役」のときであった。当時の彩色記録図絵に元兵が火を吹く玉を投げているシーンがあり、回想記にも日本の将兵が元兵の強力な弩《ど》弓とこの

「てつはう」に大いに悩まされたことが残されている。

わが国では戦国時代に西洋輸入の大筒・鉄砲が発達して戦いの勝敗を決する主要兵器となったが、爆弾投擲《とうてき》兵器はいっこうに発達しなかった。一方、ヨーロッパでは近接戦に擲弾《てきだん》を使う戦術が発達し歩兵も小銃兵と擲弾兵に分かれる。

投擲の字でわかるように、擲弾も投げる弾丸だが、より遠く飛ばすために擲弾銃や**擲弾筒**も生まれてくる。日露戦争にはじめて登場したときに陸軍は擲弾の語は採用しなかったが、現在の自衛隊では手で投げる榴弾・化学弾・信号弾をすべて手榴弾とし、小銃で発射する弾薬は小銃擲弾と区別しているが、大きくは手榴弾も擲弾の中に入れている。

榴も擲も常用漢字の外で市民権がなく専門語に留まっているが、〝手りゅう弾〟も〝てき弾〟も意味がわからなくなっている。（共）

水上機【すいじょうき】

車輪の代わりに機体の下に中空のフロート（FLOAT）を着けて浮き、水上を滑走して離水・着水する海軍の航空機。フロートは浮舟《ふしゅう》という。

軍艦に積んで、火薬をエネルギーとした**カタパルト**（CATAPULT）で発射したり、滑走路を作れない離島などに配属された。

艦載水上機は敵艦隊を見つける偵察機や艦砲の着弾を計る観測機が主だが、なかには零戦を改装した**二式水上戦闘機**もあり、重いフロートを抱きながら堂々とアメリカのグラマン戦闘機と互角の空中戦闘をくり広げた。

また、機体の下部が中空となっていてフロートのない大型の飛行艇、フライングボート(FLYING BOAT) も水上機の一種で、偵察・雷爆撃・輸送など万能性をもっていた。

艦載水上機はヘリコプターにとって代わられ、自衛隊の**飛行艇**も救難飛行艇だけとなり、わずかの路線で残っていた民間水上機もふくめて過去の遺物となってしまった。(海)

水雷【すいらい】

かつて男の子の遊びに「スイライカンチョウ」というのがあった。「水雷艦長」である。

まず帽子のひさしを前にしてかぶった子が軍艦に乗った艦長であり、ひさしを後ろにしたのが**水雷艇**ひさしを横にしたのが**駆逐艦**となる。水雷艇は艦長に勝ち、駆逐艦は水雷艇に勝ち、艦長の乗った軍艦は小さな駆逐艦に勝つ、ジャンケンのグー・チョキ・パーと同じ要領である。この申し合わせで互いに獲物を求めて元気よく野原を駆け回っていた。

この遊びにはまだ航空機は登場していないが、大艦巨砲を誇る軍艦がいかに水雷艇の攻撃を恐れていたかが如実に示されている。肉迫して水雷をぶち込む小型の水雷艇はやがて変身して魚雷艇となり、潜航艇となっていく。

空中をとぶ砲弾に対して水中で威力を発揮する水中爆発物が水雷である。水中に浮かべて敵艦がぶつかると爆発する水雷は、早くもアメリカの独立戦争（一七七五年）に姿を現わし、次いでクリミア戦争（一八五三年）、南北戦争（一八六一年）などで使われた。

繋留《けいりゅう》装置、撃発《げきはつ》装置などのメカがあるため、はじめは**機械水雷**と呼ばれ、やがて略して**機雷**となる。その後、発達して触発方式から目標の波動・音波・磁気などにも感応するさまざまの機雷が生まれるが、みな機械水雷であることには変わりはない。

一方、水雷艇の発射管から発射され水中を突進する**自走水雷**は一足遅れて一八六六年に考案され、やがて水上艦艇・航空機・潜水艦で多用される。最初に成功した実戦例は日清戦争（一八九四年）の**黄海海戦**の日本海軍である。この自走水雷も、はじめはその形が魚に似ている所から**魚形《ぎょけい》水雷**といわれたが、これも略して**魚雷**となった。

機械水雷も魚形水雷も今は死語となっているが、機雷も魚雷もミサイル全盛の現代でもその重要性を失ってはいない。（海）

旋回機関銃【せんかいきかんじゅう】

戦車のような車輌では射手が車載銃を上下・左右に振って射撃するが、乗員一人の単座戦闘機などの機銃・機関砲は機首や翼のなかに固定した**固定機関銃**で、飛行機そのものを目標に振って照準射撃をする。

複座・多座の大型機になると、射手が乗り込んで機体の後方や上下・左右に設けられた銃座から振り回しがきき、射角・射向の広い旋回機関銃や機関砲で押し寄せる敵機と撃ち合う。旋回機関銃を陸軍では**遊動式機関銃**ともいった。

飛行機の弱点は背中や後方で、敵機もここを狙ってくるから**複座機**には旋回機関銃の後方銃座があった。戦前、東京原宿に「**海軍館**」という日本海軍に関する資料館があり、据えられた海軍機の後方銃座に係員が入って見物人に重い旋回機関銃をガラガラと動かして見せていた。

無邪気な小学生が「そんなに動かすと自分の尾翼にタマが当たりませんか?」と質問すると、係員のおじさんは「当てないことにしとります」とすましていた。

英語ではFLEXIBLE GUN, PIVOT GUNだったが、電動で回る回転砲塔になるとTURRET GUNになる。

太平洋戦争中に日本全土を焼け野原にした「超空の要塞B29爆撃機」は上前方・上後方・左右側方・下後方に二挺ずつ一〇挺の一二・七ミリ機銃、尾部に一挺の二〇ミリ機関砲を装備してほとんど死角がないことを誇った。左右横腹の手動銃を除いてモーターで回転するターレットガンで、テレビゲームのようにリモコンで照準射撃するようになっている。

これに向かった日本戦闘機隊は「爆撃機と戦闘機の命中率は一対一〇だ、当たるもんか」と勇敢にとびかかっていった。（共）

操向転把【そうこうてんぱ】　自動車が日本に初めて入って来たのは、明治三三（一九〇〇）年、横浜のトムソンという貿易商が輸入したアメリカ製の蒸気自動車ロコモビルが第一号とされている。

その二年後の明治三五年には銀座の自転車屋の吉田真太郎という人が国産自動車を組み立

てスタートは早かったが、機械工業が発達していなかったか、道路が悪かったかで日本の自動車産業の立ち上がりは遅かった。フランスのル・マン耐久レースが始まったころでも、三菱造船神戸造船所の自動車の生産台数は、六年間で三〇台程度であった。

　これが急速に普及しはじめたのは、大正一二（一九二三）年の関東大震災からである。このころには陸軍も軍用自動車、とくに自動貨車（トラック）の重要性を認識し、一定の規格のトラックには補助金を出す（かわりに戦時には徴用する）「**軍用自動車保護法**」を設けて大いに発展を助成した。

　走る機械だから最初のうちは騎兵科の分野で、騎兵に関するマニュアルを集めた『**騎兵須《す》知《ち》**』の中にも「**自動車操縦教範**」がちゃんと載っている。

　内容的には、時代が変わっても現代の教習所のテキストと大差はないはずだが、部品の名称などはとうてい、若い人には理解しがたい。

　陸軍は精神重視の世界だから、メカの世界でも総則の第五にそれが入っている。

「第五　精神ノ弛緩《しかん》ト冒険トハ操縦上最モ戒《いまし》ムベキモノトス　而《しこう》シテ操縦ノ進歩ニ伴《ともな》ヒヤヤモスレバコノ弊《へい》ニ陥リ危害ヲ惹起シ易《やす》キヲ以テ　特ニ注意スルヲ要ス　而シテ一《ひと》タビ大ナル事故ニ遭遇セル者ハ爾後《じご》ノ進歩ヲ阻害セラルルコト多シ　故ニ兵ハ技能ノ練磨ト相《あい》マッテ常ニ精神ノ修養ニ勉《つと》ムルコト極メテ緊要ナリ」

固苦しく、もっともらしいことが書いてあるが、緊張を忘れずに乱暴運転はするなということで今でも通用する。

操向が運転方向、制動機がブレーキぐらいは判るが、車を動かす操縦機《メカニズム》を列挙してみよう。
電気始動釦《こう》・電気始動践板《せんばん》（セルフ・スターター・ボタン）＝スターターにボタンと踏板があった。
始動転把《てんぱ》（スタート・ハンドル）＝車の前に回ってエンジンをかけるため、回すハンドル。
始動践板（キック・ペダル）＝自動二輪車《オートバイ》のスタート・ペダル。
電路開閉器（スイッチ）
点火転把《てんぱ》（マグネット・ボタン）
ガス転把《てんぱ》（スロットル・ボタン）＝手動のアクセル。
ガス践板《せんばん》（アクセル・レーター）＝踏むアクセルのこと。
操向転把《てんぱ》（ハンドル）
制動槓桿《こうかん》・制動践板《せんばん》（サイドブレーキ、ブレーキ・ペダル）
警報機（ホーン・ボタン、ラッパ）＝今のクラクション。車外に出たラッパのゴム球を手で押す。
マシン油用手動喞筒《ポンプ》（オイル・ポンプ）
なんでもないハンドルが軍隊に行くと操向転把といかめしくなるが、どうしてハンドルではいけないのだろうか。英語では、ステアリング・ホイール（STEERING WHEEL）で、ハンドルはサラリーマンやラッシュ・アワーと同じ和製英語なのに……。
いずれにしろ、こんな漢語や英語をマスターして、当時では難しい自動車を操縦（運転ではない）できる兵は軍隊のなかでも数少ない特殊技能者で、すぐに砲兵や輜重《しちょう》兵の自動車隊に回されるが、温和で気の利いた兵ならば司令官の乗用車の操縦兵に抜擢されてよい思いをする。（共）

装甲列車【そうこうれっしゃ】 いまでは陸上部隊は機甲化されて戦車をはじめ自走砲・戦闘車・指揮通信車・偵察警戒車から兵員輸送車まで装甲がほどこされているが、大正から昭和初期のまだ戦車も輸入にたよっていた時代に陸軍が考え出したのが、自動車や列車の装甲化で**装甲自動車**や装甲列車が生まれた。

第一次世界大戦につづく大正七（一九一八）年からの**シベリア出兵**で、日本軍はソビエト赤衛軍の武装列車と初見参する。列車に鉄板や煉瓦・材木・コンクリートなどで急造の装甲をほどこし、山砲や機関銃を積んで突き進んでくる武装列車はさながら動く要塞で、まだ対戦車砲のない時代では手ごわい相手となった。

陸軍の九四式装甲列車の全容。手前が先頭の警戒車、後ろに火砲車が続く

同じ頃、満州（現中国東北部）南部を縦断する鉄道を運営していた日本の南満州鉄道（**満鉄**）も、しばしば列車めがけて襲ってくるゲリラに悩まされていた。そこで自衛のため考え出したのがヤサ型有蓋《ゆうがい》貨車を装甲化し、無蓋車に回転式砲塔に収めた山砲を積んだ九輌編成の装甲列車である。官営的な性格をもつとはいえ、株式会社の鉄道が自力で重武装したところに当時の雰囲気がうかがえる。

満州事変が終わって、陸軍が初めて昭和九（一九三四）年に制式兵器とした九四式装甲列車は本格的なものであった。八輌編成で、先頭から警戒車・火砲車三輌・指揮車・機関車・炭水車・電源車と並び、必要あれば敵の地雷や衝突を防ぐ防護車を前後につける。ソビエト領に進攻することも考えてソ連規格の車輪や車軸も用意していた。武装も、野戦高射砲四門、重機関銃一二挺にサーチライトまでそなえた重武装で、戦車隊よりもはるかに強力な攻撃力がある。

やがて始まった日中戦争では、なにがしかの実戦歴も伝えられたが、結局はレール上から離れられず、応用性に欠けていることや敵機の大きな爆撃目標になることなどから、時代遅れの二流兵器に転落していった。（陸）

造兵【ぞうへい】　兵器を造ること。

兵器という言葉は紀元前七世紀の中国・周時代の兵術書『六韜《りくとう》』に出てくるほどの古いものだが、日本では武器・武具が兵器となったのは明治陸海軍からと思われる。

『日本百科全書』にも「武器＝戦闘に用いる器具の総称。近代兵器出現以前のものをさす」とあり、手工業製の殺傷用器材としての刀剣弓矢から鉄砲火薬がイメージされる。

兵器のニュアンスはもっと幅広く、火器はもちろん、艦船・航空機・車輌から光学・通信器・コンピューターに至る近代的な量産工業製品になる。〝手製の武器で攻めてきたゲリラに制式兵器で装備した正規軍が戦う〟といった構図が浮かび上がってくる。兵の字がタブーの自衛隊では、やむなく兵器を武器に置き換えて武器科、武器学校としているが、『日本百科全書』の定義に従えば少々苦しい。

造兵を担当するのは陸軍省は**兵器局**、海軍省は**艦政局**（のち艦政本部）で陸軍に兵技将校、海軍に造兵将校の階級がある。ただし海軍の造兵科は艦船を造る造船科、機関を造る造機科と並ぶセクションで艦砲や魚雷など狭義の兵器づくりである。

明治のはじめ日本軍ができ上がって兵隊の頭数をそろえたものの、兵器のほとんどは輸入にたより大規模な生産工場もなかった。薩摩藩や佐賀藩の藩営の兵器製造所と手工業の鉄砲鍛冶ぐらいで、長い幕府の御禁制で民間メーカーはまだ生まれていない。

さし迫って明治政府は兵器づくりはすべて国営でまかなうしかなく、まず東京小石川と大阪城外に**砲兵工廠**を、東京十条に火薬をつくる**火工廠**を設けていちおう形を整える。このあと次つぎに熱田・春日井・小倉・相模原・朝鮮平壌などに兵器工場をつくり、その名も**陸軍造兵廠**・付属兵器製造所となった。海軍ではこれが**海軍工廠**となる。

敗戦とともに造兵廠も海軍工廠もすべて国の手を離れ、残された工場・機械は民間に払い下げられて、やがて軍需メーカーとして復活する。国営ではないから工場の土地代から開発費などがコストに入り、武器輸出禁止の国是からマーケットが狭い少量生産で日本製兵器は世界の常識からかけはなれたバカ高値となってしまっている。

陸軍造兵廠・小石川小銃製造所はいま後楽園遊園地や東京ドームと姿を変えて野球ファンを楽しませているが、一世紀前にここで懸命に増産された初めての国産・**村田式小銃**が、海を渡り日清戦争を戦ったことは歴史の山の中に埋没してしまった。（共）　（↓火砲5）

速射砲【そくしゃほう】

英語でRAPID FIRE GUN（速射砲）という砲種が日本軍に登場したのは、日清戦争（一八九四年）前の海軍でであった。

そのころの日本の軍艦はまだ木造か鉄骨木皮艦で、鉄骨鉄皮のフネは、とくに**鋼鉄艦**と呼ばれる新兵器であった。その搭載する砲もすでに後装式となっていたが、発射速度は数分に一発、よくて一分一発のSLOW FIRE GUNであった。

仮想敵国の清国には、のちの戦艦「大和」「武蔵」に匹敵する三〇センチの巨砲を積んだ「定遠」「鎮遠」という鋼鉄艦があり、日本海軍はこれに対抗して、甲板に三二センチ砲一門だけをデンと据《す》えた一点豪華主義のようなフネを急造した。「松島」「橋立」「厳島」の名勝の名をつけた三隻で**三景艦**《さんけいかん》と呼ばれたが、小さな艦体に巨砲一門だけのためバランスがきわめて悪かった。

〝右砲戦〟の号令がかかると、砲が右に回ると同時に艦が右に傾き航路も右にそれる。発射と同時に今度は左に傾いて、艦が左にそれるという始末の悪いものであった。

戦闘で砲戦が右から左へ変わると、そのたびにバランスをとるため〝手空き総員右舷へ移動〟の号令とともに重量物をかかえた水兵が右へ左へ駆け回った。

装填も発射のたびにマンパワーで砲を水平に戻して行ない、改めて仰角をかけるため発射速度も毎時数発という「超遅発砲」であった。

日清戦争の海戦では、他の要素が清国にすぐれていたため勝利を得たが、これではとても近代海軍とはいえない。

ちょうどこのころ、アメリカの提督マハンが『海戦論』という名著を著し、その中で「多数砲からなるべく速く多数の弾丸を発射し、多数の命中弾を得ることが勝利の秘訣」と書いていた。

敵艦を沈めなくても、緒戦の間にたくさんの小口径命中弾で艦を破壊し乗員を殺傷すれば戦闘の主導権が握れる。そのあとに水雷（魚雷）でとどめを刺せばよい。たとえていえばホームランはなくてもシングルヒット、テキサスヒット、強いゴロの乱打で点を稼ぐ考え方である。

太平洋戦争のソロモン海戦で、巨砲をもった戦艦「比叡《ひえい》」がアメリカの巡洋艦・駆逐艦の袋叩きにあって戦闘力を失い、結局自沈したのもその一例である。

搭載砲を少数の大口径砲とするか、多数の小口径砲とするかが海軍部内の大議論となるが、

57　速射砲

海軍は試みにイギリスに注文して速射砲専用艦を作らせてみた。一五センチ主砲六門のほかに発射速度が格段に速い一二センチ速射砲一二門を積んだ巡洋艦「吉野」は、黄海海戦で戦闘海域を快速で駆け回り獅子奮迅の働きをした。

そのあと艦砲の進歩で、仰角をかけたまま、動力で自動装塡と排莢《はいきょう》ができるようになり、海軍から速射砲の名が消えて、単に「五〇口径一五センチ砲」などと呼ばれるようになる。

昭和に入ると、今度は速射砲の名称は陸軍で使われるようになった。

第一次世界大戦の西部ソンム戦線にイギリスの新兵器の戦車（秘密名タンク）が出現すると、各国軍のウエポン（兵器）システムに大変革をもたらした。

当初の装甲の薄い戦車に対しては野砲の榴弾でも十分な効果はあったが、砲兵は後方にいて数も少なく、突如出現するこの怪物に対してはタイミングを失した。そこで開発されたのが、小口径ながら初速の速い徹甲弾を発射する歩兵用の対戦車砲である。

第一次世界大戦で対戦車戦の体験がもてなかった日本陸軍にやっと対戦車砲ができたのは、戦後二〇年もあとの昭

日本陸軍最初の対戦車砲、九四式37ミリ速射砲

和九（一九三四）年のことで、「九四式三七ミリ速射砲」がその制式名であった。

口径はともかく、その分間発射速度と初速は当時の最高軍事機密であった。

各国とも最初から対戦車専用砲（ANTI TANK GUN, A/T GUN）としたが、貧乏国日本ではそんなぜいたくは許されない。仮想敵国のソビエト軍はともかく、中国軍には戦車の脅威はなかったから、ふつうの榴弾や発煙弾・焼夷弾も撃てる万能砲の性格をもたせた。

これがはじめから対戦車砲でなく速射砲と名づけた理由だが、他にも秘匿性や「吉野」勝利の縁起かつぎもあったのかもしれない。

戦車の普及率の少なかった陸軍にとっては、この速射砲の部隊への装備も遅れ、昭和一四（一九三九）年のソビエト機甲軍との「**ノモンハン事件**」でも、性能ではBT戦車を撃破できたが、絶対量の不足のために敗北を喫した。

九四式のデビュー当時、性能は世界的レベルにあり、つづいて口径を増して四七ミリとした一式速射砲なども生まれたが、敵側の戦車の性能がつねに上回り、後手後手に回ってしまった。日本陸軍のA/T GUNはやがて無力兵器の代名詞になり下がり、あとは歩兵の**肉迫攻撃**にたよるだけとなった。国力の不足と機甲力の軽視が致命傷であった。

速射砲の名は戦後、今度は海上自衛隊に三度目の登場をする。

対空・対艦兼用の艦砲で、装填・排莢システムが全自動か半自動となった「五〇口径三インチ連装速射砲」や「五四口径五インチ単装速射砲」がそれで、一分間三〇発から四五発もの発射速度をもち、艦砲というより機関砲の分野に踏み入ったといえよう。

すべてのメカニズムが自動的に行なわれ、被弾や故障のときだけマニュアルに代わる無人砲塔も生まれてくる。

速射砲は一世紀の間に、海・陸・海と三度色合いを変えたわけだ。（共）　（↓肉攻上3）

阻塞気球【そさいききゅう】

阻は阻害の阻、塞は要塞の塞で阻塞気球は敵の空襲にそなえて空に揚げるバリケード。**防空気球**ともいい、〃空の鉄条網〃の綽名もある。

ツェッペリンのような軍用飛行船の開発に遅れをとった日本陸軍は、大正時代の中ごろから気球のゴンドラに観測将校を乗せて砲兵隊の弾着観測に利用することを研究していた。昭和一四（一九三九）年の**ノモンハン事件**で初めて実戦に参加させたが、来襲したソ連戦闘機の一撃でアッというまに炎上墜落し、その後は気球を防空用に限って利用することにした。

まだレーダーなどの電子兵器が発達していなかった時代の防空は、肉眼・望遠鏡・聴音機、夜ならば照空灯を照らして敵機を見つけ、高射砲《こうしゃほう》と高射機関銃で射撃する単純なパターンであった。

空のバリケードの用法は、まず敵機の予想進路に数個の気球を揚げ、気球からは地上に鉄製のケーブルを吊るし、気球の間に横綱や網をたらして敵の侵入を妨害する。

子供でもわかるような単純な戦法で、戦闘機が次つぎと襲いかかれば絶好の目標になるのだが、とくに夜間の爆撃機には有効とされていた。敵機が気球やケーブルに衝突して墜落するのを避けて、進路や高度を変更させて爆撃を無効にするのが真の狙いといえる。

なにしろ第一次世界大戦の大正五（一九一六）年にイタリア軍がベネチア防空に使い始めたという古典的な戦法だから、まさか第二次世界大戦では使われまいと思っていたが、あにはからんや太平洋戦争でスマトラ島パレンバンの防空部隊が阻塞気球を使っている。

パレンバンは石油を豊富に産出する戦略的要地だったため、東条首相の直命で最強の防空部隊が布陣していた。防空戦闘機一三〇機と歴戦の高射第一〇二連隊を中核としたもので、なかに第一〇一要地気球隊もふくまれている。装備も従来の七センチ、八センチ高射砲に加えて、内地でも東京防空隊にしかない新式の一二センチ高射砲もあり、一八〇門で濃密な火網をつくり上げていた。

戦争も後半戦の昭和一九（一九四四）年一月、インドのツリンコマリー軍港を出たイギリス機動部隊の艦載機・戦爆連合の二八〇機が二波に分かれてパレンバンを襲ってきた。気球

隊は間に大きなネットを張りめぐらした三〇個の阻塞気球を揚げた。そのとき、低空で飛来

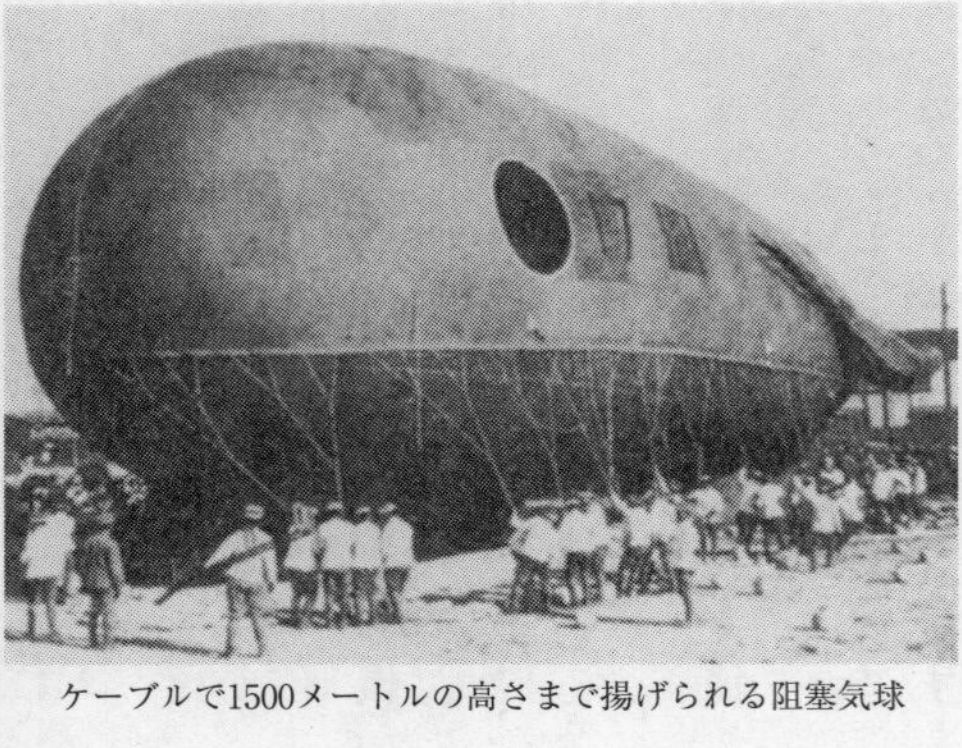

ケーブルで1500メートルの高さまで揚げられる阻塞気球

した第一波の第一梯団《ていだん》がこの気球網に突っ込み、気球に衝突して火を吐くもの、ケーブルに翼をちぎられるものが続出した。

正確な記録には残されていないが、生還者の話によると、二日間の戦果は撃墜一五〇機、そのうち、気球に引っかかったもの数機から一〇機という。

イギリスのパイロットたちも、まさかこんな古臭い戦法をまだ使っているとは夢にも思わず、油断して突っ込んできたのであろう。

日本陸軍気球隊の唯一の手柄であった。（陸）（→高角砲5・風船爆弾5）

竹槍【たけやり】　天正一〇（一五八二）年、織田信長にクーデターを起こして逃走中の明智光秀が、小栗栖《おくるす》の長兵衛という百姓に竹槍で突き殺された言い伝えからも、昔から刀や槍を持つことを禁じられた農民の武具であることがわかる。このような落人狩りから、むしろ旗を立てた百姓一揆、やくざの抗争にいたるまでこの製造簡単、費用安価な国民的武器はいたるところに出現した。
さすがに明治になって兵器が銃に代わるとすっかり姿を消したが、なんとその八〇年後にこの国民的兵器がまた姿を現わしたのだ。
日中戦争が長びいて**国民皆兵**が叫ばれるようになると、職場や隣組《となりぐみ》で強制的に執銃《しつじゅう》訓練や刺突訓練が行なわれるようになった。当時中学校や青年学校にゆき渡っていた旧式の**村田銃**や**木銃**《もくじゅう》も一般人にまでは渡らず、竹槍の再登場となったのである。

田舎では竹林から切り出して作ったが、都会では物干竿を加工して一晩で作った。はじめのうちは戦意高揚の狙いで在郷軍人のおじさんが、あねさんかぶり・モンペ姿の隣組の婦人たちを集めてお茶を飲みながら遊び半分でやっていた。しかし、戦争も終局に近づき本土決戦の様相が濃くなると訓練も現実味を帯びてきた。立ち姿の刺突だけでなく匍匐《ほふく》前進から突撃・刺突・引き抜きなど実戦的になり、新聞にも「長さ一五〇〜一八〇センチの太棹《ふとざお》を節のところで斜めに切り、切り口の**ささら**を取って軽く火であぶり油を塗って鋭利さを増す」といった竹槍の作り方まで書かれるようになる。

これより少し前「**竹槍事件**」というのがあった。ある朝の毎日新聞に「竹槍では戦争に勝てぬ。前線にはもっと飛行機を――」という論説が載り、これが精神主義者の首相、東条英機陸軍大将の目に触れて、記者の新名丈夫《しんみょうたけお》は即日、陸軍二等兵として懲罰的召集を受けた。新名記者は海軍からの助け舟で海軍軍属として横取りされてホッとしたが、現在ならば、まことにもっともな合理的考えである。

戦争の末期には兵隊に銃がゆき渡らず、民間の猟銃が回収され、銃剣をくくりつけた槍や手榴弾をとばす弓矢などが作られ、わらじばき、竹筒の水筒、竹槍を手にした百姓一揆の再来かと思わせる兵隊がゾロゾロ出てきた。

敵の上陸想定海岸に囮《おと》りとなって無防備のまま、防御陣地にひそむ部隊を、内部では**はりつけ師団**と呼んだが、当の兵隊たちは**竹槍師団**と自嘲して名づけていた。（民）

タ弾【ただん】

敵戦車に対しては対戦車砲の徹甲榴弾で対抗していたが、装甲がますます厚くなって貫通しにくくなった。そんなとき、三国同盟のよしみで、ナチス・ドイツ軍から対戦車用の新兵器を送ってきた。ゲベール・パンツァー・ガナーテ（GEWEHR PANZER GHANATE）というタマで、弾体内に逆円錐形に充塡した火薬が入っており、命中爆発すると爆発力が一点に集中するモンロー効果によって、猛烈な貫徹力を発揮する秘密弾である。

潜水艦で苦心して日本に運んでコピー生産したのが、一九四二年制定の二式対戦車四〇ミリ榴弾で、タンクの頭文字をとってタ弾と名づけた。

小銃の銃口にとりつけた対戦車擲弾器《てきだん》「**タテ器**」で発射してきわめて有効に働くが、一方、米英連合軍もヨーロッパ戦線でドイツ軍から捕獲し、ロケット推進で自走力をつけたロケット発射筒を作り、「バズーカ砲」となって現在では世界中で使われている。（陸）（↓速射砲5）

短機関銃【たんきかんじゅう】

あるいは**機関短銃**ともいう。明治以来、銃床を肩につけて撃つ小銃に対して、片手で握って発射する小型銃を拳銃と呼んでいた。

拳銃には黒光りのする重量感が漂っているが、短銃では江戸時代の火縄式の短筒《たんづつ》めいて軽い。短機関銃だと短い銃身の機関銃だが、機関短銃だと装塡や排莢が自動的に行なわれる拳銃となり、これには別に自動拳銃という言葉がある。

英語ではサブ・マシンガン（SUB MACHINE GUN）で、補助機関銃か小機関銃だが、ドイツ語では、マッシネン・ピストーレ（MASCHINEN PISTOLE）で、機関拳銃となり結局は同じことになる。こう呼ばれるのは使用弾薬が小銃弾ではなくピストルのタマを使うことからきている。

銃の発達史は千変万化で大砲と小銃との間を埋める機関銃が誕生すると、次には重くて射程の長い機関銃と小銃との隙間を埋める軽機関銃が出現する。短機関銃も小銃と護身用にしか使えない拳銃の間を埋めるために生まれた。

銃身も射程も短く威力の小さい拳銃弾のため野戦の主力小火器としては役に立たないが、軽くて連射力があるためジャングル内や市街戦、コマンド部隊や空挺部隊、さらには戦車兵の護身用に使われる。見た目には格好がいいので戦争映画にはよく登場し、ドイツ兵の装備は「シュマイザー・マッシネン・ピストーレ」と相場が決まっている。

日本でも海軍の上海特別陸戦隊がスイスから「ベルグマン短機関銃」を輸入して市街戦に使ったり、落下傘部隊用に「一〇〇式短機関銃」や「二式短機関銃」が開発されたが、肝心の小銃の生産が手いっぱいで量産には至らなかった。

一〇〇式機関短銃（制式名）。８ミリ拳銃弾を使用する

その後、小銃のデザインが軽量化・小口径化してすべて全自動か半自動のメカになり、ソビエト軍のAK《アーカー》47のような**突撃銃**（ASSAULT LIFLE）という銃種が生まれてくると、小銃と短機関銃との境界線はなくなってきた。

日本でも自衛隊用に何度も短機関銃の開発が計画されたが予算と技術の面で実現せず、米軍からの供与品でお茶を濁していたが、現在では九ミリ機関拳銃と呼ばれる国産サブマシンガンを採用し、主に無反動砲の砲手や空挺部隊の指揮官の自衛用に配備されている。

こうして花形のサブ・マシンガンはスパイやマフィアの愛用武器となったが、アメリカでは市民用にはその威力が強力すぎるため発売禁止となった。（陸）

端艇【たんてい】　ボートのこと。端（はした）には中途半端、小さい、少ないなどの意味があり、端金（はしたがね）＝わずかの金銭、端女（はしため）＝召使の女、端物（はしたもの）＝はんぱものなどの言葉をつくる。

帆やエンジンがなく人力で漕《こ》ぐ小舟は和船では**艀**（はしけ）などがあるが、海軍では端艇または端舟《たんしゅう》といった。最近では端の字は消えて同音の**短艇**が一般的に使われている。

用語がイギリスからの直伝であった海軍では、BOAT を端艇、STEAM LAUNCH を汽艇、MOTER BOAT を**内火艇**、DINGHY を**軽艇**、帆で走る CANVAS BOAT を**帆布《はんぷ》艇《てい》**などと呼び替えて使った。艦に積む大型ボートの「ランチ」や中型のボートや汽艇の「ピンネース」、小型の「ギグ」、多人数が乗り込んで漕ぐ「**カッター**」などは原語そのままが使われた。

海軍兵学校や海兵団での激しいカッター訓練や分隊ごとの漕艇《そうてい》競技は海軍独特の風物詩でもあった。（海）

軍艦には「霧島」とか「朝風」といった固有名があり、航空機にも一式戦闘機「**隼**《はやぶさ》」、局地戦闘機「**紫電改**《しでんかい》」などの愛称があって国民に親しまれたが、陸戦兵器には制式名称や秘匿《ひとく》名はあるものの、固有名・愛称はほとんどない。

チハ車【ちはしゃ】

このチハ車は、昭和一二（一九三七）年に三菱重工業と陸軍大阪造兵廠でつくられ、太平洋戦争の全域に登場した九七式中戦車の別名である。

第一次世界大戦に初めて登場した新兵器の航空機と戦車の威力が絶大だったため、大戦後は各国ともニューモデルの開発に血道をあげた。日本陸軍もフランスのルノー戦車、イギリスのビッカース戦車などを手本に、昭和四（一九二九）年に国産初の八九式中戦車、昭和一〇（一九三五）年に九五式軽戦車などを次つぎに生みだした。

まもなく、日中戦争から太平洋戦争に突入して、新兵器の中戦車・軽戦車・装甲車・自走砲などの戦闘車輌がぞくぞくと開発されてくるが、これらには一連の**秘匿名**《ひとくめい》がつけられた。といっても、暗号のように解読の難しい複雑なものではなく、片仮名二文字の組み合わせで、頭文字は中戦車ならば「チ」、軽戦車が「ケ」、砲戦車・自走砲が「ホ」というように車の種類を表わした。二文字目は設計順にイロハ四十八文字を振って、たとえばチハ車は陸軍が三番目に設計した中戦車ということになる。

子供だましの単純な仕組みで、敵のスパイを欺《あざむ》くというよりも工場内の便宜上の略称とでもいうものであろう。これを一覧表にして見ると次のようになる。

九七式軽装甲車……偵察用の牽引《けんいん》車で「テケ」

軽戦車……九五式「ハ号」、九八式「ケニ」、二式「ケト」、三式「ケリ」、四式「ケヌ」、試製五式「ケホ」

中戦車……九七式「チハ」、試製「チニ」、一式「チヘ」、三式「チヌ」、四式「チト」、五式「チリ」

対空戦車……「タハ」

自走砲……一式「ホニ」、二式砲戦車「ホイ」、三式「ホニⅢ」、七五ミリ自走砲、駆逐戦車で「クセ」、七五ミリ対戦車自走砲「ナト」、一式一〇センチ自走砲「ホニⅡ」、一〇センチ自走加農砲「カト」、試製加農砲戦車「ホリ」、四式一五センチ自走砲「ホロ」、試製四式重迫撃砲「ハト」

マレー半島に進出した九七式中戦車（チハ車）

小型遠隔操縦戦車……「ヤイ」
統制戦車……「ソハ」
九五式装甲軌道車……「ソキ」
指揮戦車……「シキ」
一式装甲兵車……歩兵をとって「ホキ」
一式半装軌装甲兵車……「ホハ」
高射砲牽引車……「コヒ」
九五式力作車……「リキ」
装甲工作車……「セリ」
百式観測挺進車……「テリ」
速射砲搭載車……「ソト」
九八式装甲運搬車……「ソダ」

などさまざまで、装甲軌道車が略して「ソキ」、速射砲搭載車も同じく「ソト」、弾薬を運ぶ装甲車が「ソダ」など読んで字のごとしだが、リモコン戦車の「ヤイ」や工作車の「セリ」などの語源は不明で暗号めいている。
日本の陸軍と海軍はことごとに独自性を発揮して、兵器の開発や生産も自前で調達する傾向があり、本来は陸軍が海軍の専門分野にたのんでつくるはずの輸送用小型空母や潜水艦ま

日本海軍が開発した水陸両用戦車「特二式内火艇」

で自分でつくり運用するといった風潮があった。

主体性を主張するというより面子《めんつ》第一の狭い縄張り根性が見えかくれするが、海軍も同じように本来は陸軍の担当である水陸両用戦車を海軍の手でつくっている。水上をスクリューで走り、上陸するとふつうの戦車と同じようにキャタピラーで走る上陸作戦用の両用戦車で「**特式内火艇**」と呼ばれた。敵に意図を探られないための秘匿名でもあるが、戦車をフネと言い張るところが興味深い。

この特式内火艇シリーズの工場名は、特二式「カミ」、特三式「カチ」、特四式「カツ」、特五式「トク」で、「カ」は海軍の頭文字であろうが、最後の特五式は「ト」で一貫性のないことおびただしい。気楽につけた命名だったのだろうか。（陸）

（↓無限軌道5）

中攻【ちゅうこう】 「海軍中型陸上攻撃機」を略したもの。外国には魚雷攻撃専門の機種に「**雷撃機**」があったが、日本海軍では魚雷・爆弾いずれも積んだので雷撃機ではなく「**攻撃機**」となる。

戦時中、実際の航空母艦を使ってロケした『雷撃隊出動』という映画があったが、これも「艦上攻撃機隊（艦攻隊）出動」ということになる。

戦前、各国とも陸上基地から飛び立つ海軍機は小型の哨戒機や偵察機がおもなもので、敵の基地や艦隊を攻撃する大型機の開発は日本独自のものである。

貧乏なうえに軍縮会議で手足を縛られた海軍は、窮余の一策として軍艦一隻の建造費で何十機もの陸上攻撃機をつくり、海軍力の不足を補う戦略パワーを築き上げていった。

昭和一〇（一九三五）年、双発の大型機・九五式陸上攻撃機ができたときも、将来は四発の大型機を持ちたい願いをこめて中攻としたのだが、「深山《しんざん》」「泰山《たいざん》」「連山《れんざん》」「富嶽《ふがく》」といった重厚な名称の大攻シリーズは試作機だけの計画倒れに終わって、ついに陽の目を見ることがなかった。

心血を注いでつくり上げた九六式中攻とそれにつづく一式中攻（陸攻）のグループは、日中戦争の初期から太平洋戦争の末期まで海軍爆撃隊の主力として働きつづけた。

昭和一二（一九三七）年八月に、はじめて海を渡って中国の首都南京を爆撃した「**渡洋爆撃**」や、昭和一六（一九四一）年一二月一〇日、六七機の集中雷爆撃でイギリスの東洋艦隊を瞬時に全滅させた「**マレー沖海戦**」などは海軍中攻隊の檜舞台であった。

九六式に比べて速力・航続距離など格段に性能を増強した一式中攻は、そのズングリとした格好から部内では葉巻の綽名で呼ばれたが、油系統の防御力が弱く一撃ですぐ火がついたので、アメリカ側からは「ベティ・ライター BETTY LIGHTER」という、

九六式陸上攻撃機に続く海軍の中攻「一式陸上攻撃機」

ありがたくない綽名を頂戴した（「ベティ」はアメリカ軍がこの機につけた識別名で、女性の名）。（海）

弩級戦艦【どきゅうせんかん】 日露戦争が終わったばかりの明治三九（一九〇六）年、イギリス海軍はとつじょ、全重一万八〇〇〇トン、速力二一ノット、三〇センチ砲一〇門の新戦艦「**ドレッドノート**」の完成を公表して全世界の海軍に大ショックを与えた。

当時、日本では全力を傾けて新戦艦「筑波」を竣工し、国産の大艦と誇っていたが、一万四〇〇〇トン、一八ノット、三〇センチ砲四門で火力と速力が絶対の海上決戦ではその差は決定的で、就役後一年で早くも旧式となった。

船台で建造中の「生駒」「伊吹」「薩摩」「安芸」などの新戦艦も完成前に二流艦となる。

英海軍宿命のライバルのドイツ海軍はフネの数こそ多いが、いっきょに三流海軍に転落し、このハン

「弩級戦艦」の呼称を生んだ英戦艦ドレッドノート

ディキャップはやがて起こった第一次・第二次世界大戦で大きくのしかかってくる。

当時、のちの核兵器の出現にも匹敵するこの新戦艦「ドレッドノート」の頭文字に漢字を当てて戦艦「**弩号**《どごう》」と呼び、やがて日・米・仏海軍などがこれに対抗して作り始めた大型戦艦を弩級戦艦と呼ぶことになった。

三万トンクラスの戦艦「金剛」や「榛名」などがそれだが、つづいて四〇センチ主砲を積む四万トン戦艦の「陸奥」「長門」、軍縮で廃艦となった「土佐」などが現われるにおよんで「**超弩級戦艦**」の名が生まれた。

弩級・超弩級戦艦は海軍の宝であり連合艦隊の主軸となったが、第二次世界大戦の主役は航空機とそれを運ぶ航空母艦に移り、活躍の場を失ってしまった。

世界最大の六万トン級戦艦の「大和」「武蔵」は、このままいけば「超超弩級戦艦」となるはずだったが、国民に知られることもなく極秘のうちに建造され、極秘のうちに沈んでいった。（海）

風船爆弾【ふうせんばくだん】

爆弾は古くは**爆裂弾**といい、戦闘やテロリズムなどに使う地上用の爆発物であったが、飛行機が登場するとこれが**航空爆弾**・**投下爆弾**となる。やがて地上戦の爆弾が擲弾や手榴弾・地雷・**梱包爆薬**などに細分化されると、爆弾といえば飛行機からの投下爆弾の代名詞のようになった。

風船爆弾は空に浮かんだ気球からの投下爆弾で、正確には気球とともに地上に落下して爆発する爆弾や焼夷弾である。

水素ガスをつめて九十九里浜の海岸から飛ばし、太平洋上空の偏西気流にのせて八〇〇〇キロ東のアメリカ本土を攻撃したこのきわめて日本的な兵器は、正式の名称を「**ふ号兵器**」と呼ばれた奇抜なアイデアの新兵器であり、「風船爆弾」や「気球爆弾」は戦後の俗称である。

風は逆に吹かないから他国には真似できず、現代流にいえばさしずめ無動力大陸間弾道弾《ICBM》といったところだが、精密な近代兵器で戦っていた連合軍側から見れば、新兵器というよりも珍兵器のカテゴリーであったろう。

陸軍が考え出したものの制式でないゲリラ兵器だったから、材料も工場も作る工員も異例ずくめであった。手漉《す》きの楮《こうぞ》和紙をこんにゃく糊《のり》で張り合わせて直径一〇メートルの気球を作り、爆弾と調整具を入れた竹籠《たけかご》をしゅろ縄でブラ下げるといったたいへん日本的な手工芸で、ナチス・ドイツが英本土を攻撃したV1号・V2号のロケット爆弾とは比較のしようがない。

工場も東京の国技館や日本劇場などの大ホールを利用し、工員も日の丸の鉢巻きをしめた女学生などの**女子挺身隊員**たちであった。

それでも製造費は当時の金で一個一万円、山砲一門の値段とほぼ同じで、けっして安い値段ではない。これを昭和一九（一九四四）年一一月三日の明治節（現在の文化の日）から、翌年四月までの偏西風の季節の約半年間にわたり、合計九〇〇〇発を飛ばしてアメリカ本土空襲を行なった。

数日後から陸軍の敵信号傍受班は、じっと聞き耳を立てたが、わずかに中国の電報で「モンタナ州で日本文字の入った爆弾により火災発生、死傷五〇〇人突破――」のニュースが一通入っただけで、アメリカ側の報道管制があり、戦果不明のまま戦争が終わる。

戦後わかったところでは、少なくとも一〇〇〇発が米本土に到着、うち空中爆発一〇〇、不発二〇〇、最長到達距離はデトロイトであった。

米国内の死傷者や心理的効果のほどは今となっては藪の中となってしまったが、数千発も作られたアメリカ・ソ連のICBMが一度も太平洋を越えて実戦に使われなかったのだから、この手工業的爆弾の記録はまだ破られていない。（陸）

複葉機【ふくようき】

葉《よう》は草花の葉の数や〃一葉の写真〃のように、手紙や写真を数える優しい語感の数詞だが、航空界では翼の数を表現するのに使っている。

複葉機は翼が上下に二枚あり、**単葉機**は翼が一枚の飛行機で、子供たちは二枚羽《ばね》、一枚羽の飛行機といっていた。単翼機には翼が座席の上に位置する上翼、座席と同じレベルの中翼、下の低翼などの分け方もある。

一九世紀の末から二〇世紀にかけて各国で飛行機の発明競争が行なわれていたころには、複葉機どころか翼が五枚も十枚もある多翼機もつくられて試行錯誤を繰り返していた。エンジンの力が弱いため翼面積の広さで浮力をつけようとしたための苦しいプランである。

第一次世界大戦のヨーロッパ戦線上空では、敵味方の木骨布張りの複葉機が入り乱れて機銃を撃ち合った。ドイツ軍のリヒトホーフェン男爵は真っ赤に塗ったフォッカーDrⅠ戦闘機を駆って英仏軍の八〇機を撃墜し「レッドバロン」と呼ばれて英雄となったが、この彼の愛機は三葉機であった。

このあと強力な発動機（エンジン）が次つぎと開発され、さらにそれが二つ、三つある双発・三発の大型機が生まれて、浮力が十分にある単葉機の時代に移った。

欧米にくらべてはるかにスタートが遅れた日本も、はじめのうちは陸軍小型機、空母艦載機、カタパルトで発射する艦載偵察機などすべて複葉機であったが、早いテンポで単葉機種に転換していった。

海軍がまず世界で最初の金属製、単葉単座の艦上戦闘機「九六式艦上戦闘機」を開発し、昭和一二（一九三七）年九月の日中戦争の上海・南京戦で中国空軍のカーチス・ホーク複葉戦闘機を全滅させた。

陸軍は、その二年後の昭和一四（一九三九）年六月、ソビエトとの国境紛争戦・**ノモンハン事件**で、これも金属製・単葉単座の「九七式戦闘機」がソ連空軍のイ15・イ16戦闘機群を圧倒した。イ15はまだ複葉機であった。

日本軍に最後まで残った複葉機は陸軍の九五式・四式、海軍の九三式中間・二式基本などの練習機で、赤味を帯びた黄色に塗装されていたので「**赤トンボ**」と愛称されていた。初心者に安定した操縦訓練を施すために複葉のスタイルとなっている。

九五式練習機も、九三式練習機もたくさんのパイロットを生み出したあと、終戦間近に第一線特攻機の数が尽きたために重い二五〇キロ爆弾を抱えてヨタヨタと沖縄特攻に向かった。特攻作戦を命じた者も期待せず、乗った者も自信がもてず、戦果の確認もゼロのこの複葉機特攻は、何の意味があったのだろうか。

同じ墜とされたとしても、リヒトホーフェンの「レッドバロン」三葉機と「赤トンボ」複葉機との悲劇には天地の隔たりがある。(共) (→水上機5)

砲艦【ほうかん】 寒い冬の日の朝、前触れもなしに太平洋戦争が始まり、ラジオからは景気のいい戦果を告げる**大本営発表**が次つぎと流れるなかに聞き落としそうな一文があった。

「帝国海軍ハ、本八日未明上海ニ於テ英砲艦〝ペトレル〟ヲ撃沈セリ　米砲艦〝ウェーキ〟は同時刻我ニ降伏セリ」

すでに長い間、上海地区は日本占領軍の支配下にあり、仮想敵国となっていた米英の軍艦には日本陸海軍の砲口が取り囲んでいたから、私はこの発表を聞いて、さすがに海軍国イギリスだなあ、敵《かな》わぬまでも戦って沈んでいる。それにしてもサッサと白旗を上げたアメリカはだらしがないなあという感想と、砲艦というのはそんなに簡単に沈むのかという疑問が起こったのを覚えている。

海上戦闘で砲を撃ち合うのが仕事の軍艦に砲があるのは当たり前で、わざわざ砲艦という艦種の名をつけるのも妙なものだが、英語ではGUN BOAT訳して砲艇である。小さな艇ならばふつう、火器は機関銃だから、とくに軍艦なみの砲を積んで砲艇となるのは納得できる。ガンボートは小さな蒸気艇や汽艇に小口径の砲を積んで、一九世紀から先進各国がアフリカや南米の植民地の川・湖に浮かべてパトロールや反乱鎮圧に使っていた。ベトナムでもアメリカ軍がメコンデルタで利用している。

二〇世紀はじめの中国は先進国の利権争奪合戦の場と化して、揚子江は各国ガンボートの溜り場となった。大型艦なら上海どまりの揚子江も小艦ならば首都南京から武昌・漢口さらに奥地の重慶まで遡航できる。

日本でも先輩にならって明治三五（一九〇二）年、一〇五トンの砲艦「隅田（初代）」をイギリスに注文し上海で組み立てた。河川用のため吃水《きっすい》が浅く乾舷《かんげん》が低いので、さっそく「**下《げ》駄《た》船《ぶね》**」という綽名がついた。

海軍は砲艦に名所古蹟の名をつけていたから「安宅」

揚子江を航行する河用砲艦「熱海」。終戦後中国が接収

「嵯峨」「伏見」「鳥羽」といった優雅な名のフネが次つぎと生み出されていった。九九九トンもある駆逐艦なみの大型の「橋立」から一三〇トンの遊覧船のような「舞子」までさまざまだが、代表的な三〇〇トンクラスでも、戦艦「大和」の二〇〇分の一しかない。

戦争では戦闘に参加するが、平時の中国での各国ガンボートの役割りは表向き在留自国民の保護だが、実は外交を有利に導く武力による威圧にある。見た目にはちっぽけなボートだが、国旗をひるがえしているかぎり国の代表であり、そのバックには全海軍、ひいては全軍事力が控えている。まさに浮かび動く大使館で「**砲艦外交**」という言葉もある。

日本でもこの小さなフネを戦艦や航空母艦と同格の「**軍艦**」とし、もっと大型の駆逐艦や潜水艦にはつけない**菊花の御紋章**を艦首や艦側につけて国権の代表とした。砲艇でなく砲艦と呼ばれたのもこのためである。

開戦初日に上海で降伏した米砲艦「ウェーキ」は、さっそく艦首に御紋章をつけた日本砲艦「多々良」に生まれ替わり、つづいてマニラ・香港での捕獲艦が「唐津」「須磨」と改名して日本艦籍に入った。

終戦まで中国の河川や湖に生き残っていた日本の砲艦や砲艇は賠償として中国政府に引き渡されたが、その後、艦名がどう変わったかはつまびらかではない。（海）

（→大本営上1・御紋章8・軍艦5）

歩兵砲【ほへいほう】

第一次世界大戦までの陸上戦闘のパターンは、まず砲兵が遠くから大砲を発射して敵の戦力を減殺し、騎兵が包囲攻撃や中央突破で敵陣を混乱させ、そのあと歩兵が小銃を発射しながら敵に肉迫し、最後に**白兵突撃**でとどめを刺すというのが定石であった。

ところが日露戦争や欧州戦線に機関銃が登場すると、戦場の様相がガラリ一変した。完全に偽装された小さな敵の機銃座は、遠くの砲兵の砲撃では大ざっぱすぎて威力が発揮できない。騎兵の集団突撃など機関銃の連続発射の前には標的にしかすぎず、あっという間に全滅する。

それまでは各兵科の間の役割りの分担と装備の別があったが、機銃座を一つ一つ丹念につぶしていくには近接兵科の歩兵にしかできず、そこで歩兵に持たせた小さな大砲が歩兵砲である。

条件はなかなか難しく、第一に、壕や物陰から撃てるようコンパクトでなければならない。第二に、一頭の馬の背や分解して兵の肩に担げるぐらい軽くなければならない。第三に、ふつうの兵が簡単に操作・修理

歩兵部隊が使う小型軽量の歩兵砲（十一年式平射歩兵砲）

・分解組み立てができるように構造がシンプルでなければならない。砲弾も兵が片手で装塡できる軽く小さなものでなければならない。標的は主に機銃座、ついで軽度の陣地や敵兵である。

この条件をみたす口径七〇ミリ程度の小型砲を各国軍は急いで作り歩兵に配備する。弾種を変えれば、ふつうの榴弾の他に発煙弾・信号弾・照明弾、そしてガス弾まで発射する万能砲となる。

ここで一つの問題がある。露出した敵陣に対して低伸弾道で直接照準する機能と、岡や掩護物の後ろの隠れた敵に対するカーブした湾曲弾道で間接照準する機能の相反する二つが要求されたことである。

砲兵はもともと、**加農砲**《カノンほう》と**榴弾砲**《りゅうだんぽう》の二種を使い分けていたので、各国とも平射歩兵砲と曲射歩兵砲の二種を開発して、機関銃とともに歩兵中隊に持たせた。曲射歩兵砲は後に**迫撃砲**となる。

ところが、もともと貧乏なうえに大戦後の軍縮時代の日本ではこんなぜいたくは許されない。苦心の末に考案されたのが、日本独自の平射・曲射が一門の砲で兼用できる新兵器で、昭和七年に制式化されたミゼットガンの「**九二式歩兵砲**」である。

この砲は口径七〇ミリ、砲身の重量四六キログラム、砲身長も八〇センチと短いコンパクトな砲で、戦争の最後まで日本歩兵の火力の中心となった。

砲兵が使う七五ミリ山砲が歩兵連隊にくると、俗に**連隊砲**と呼ばれたように、歩兵大隊に装備された、この七〇ミリ歩兵砲は**大隊砲**と呼ばれている。

小さなクランクを回すと砲に大俯《ふ》角《かく》、大仰角が与えられて平曲射の両方ができ、閉鎖器がふつうの砲のように左右にでなく、上下に開いて小動作で行なえて敵の目標にならず、砲手を敵弾から守る防楯《ぼうじゅん》も簡単に取りはずせる工夫などが施されている。小銃弾を共用できる**一一年式軽機関銃**や、一人で運べる小型迫撃砲の擲弾筒などとともにやりくり陸軍ならではの傑作兵器の一つとなった。

しかし「二兎を追うもの一兎を得ず」のたとえのとおり、敵陣も装甲もますます堅固となり、二八〇〇メートルと射程が短く、小さい弾丸で威力が小さく、まずこの遅い初速の徹甲弾では戦車に歯が立たず、実戦では非力化が目立ってきた。

結局は各国軍と同じように、曲射用には迫撃砲のグループに、平射用にはロケット発射筒や無反動砲グループにもどって現在に至っている。

捕獲されたこの九二式歩兵砲は、いま米英のキャンプや博物館などに、座りがよく、姿のよいところから飾り物として置かれているが、見方によればやりくり日本軍のシンボルにも見える。（陸）　（↓加農砲5・榴弾砲5）

無限軌道【むげんきどう】　車輌としての戦車がゴムタイヤで動く自動車と大きく違う点は、車体の両側にぐるりと巻いているキャタピラーにある。これがあるために道路外の凹凸の不整地も走れるし、車輌が壕にはまらずに乗り越えもできる。

第一次世界大戦後、英仏から新型戦車を輸入した日本陸軍が頭を痛めたのがその和訳であった。自動車はすでに国産化されて部品名の和訳もすんでいたが、これは難物であった。

CATERPILLERは、もともと「いも虫」のことで、その動きから連想して名づけられたと考えられるが、まさか「いも虫車」とつけるわけにもいかず生み出された新語がこの無限軌道である。

軌道とは鉄道のレールのことだが、起動輪によって前進する輪になった鋼片リングが次々と道をつくり、燃料がつづき故障さえなければ無限にレールを敷いていく点からこの命名となった。

キャタピラーは戦車だけではなく、偵察車・弾薬輸送車・牽引車、そして自走砲などに使われて、このグループを**装軌車**と呼ぶようになり、従来のゴムタイヤの自動車やオートバイは**装輪車**のグループとなる。

ついでにつけ加えれば、日本軍ではトラックを**自動貨車**、オートバイを**自動二輪車**、サイドカーを**側車付自動二輪車**と称した。

戦車は残ったが、無限軌道の語は消え、今では専門家の間では「**履帯**《りたい》」と呼ばれている。

（陸）

村田銃【むらたじゅう】

兵器には発明者の名をつけてダグラス輸送機とかコルト自動拳銃、マキシム機関銃など、産地の名をつけて国友銃《くにともづつ》や関刀《せきとう》など呼ばれるものが多い。

だが、これらがいったん制式の兵器として軍に採用されると、人名や地名ははずされて無味乾燥な名前に替わる。日本や中国では式・型、西欧ではM（MODEL, MARK）、T（TYPE）に通し番号や採用の年号をつけるのが各国の通例になっている。

日本軍の**三八式歩兵銃**や**零式艦上戦闘機**、自衛隊の64式小銃や90式戦車がこの例だが、例外中の例外としてこの村田銃がある。この銃は制式名を「十三年式村田銃」といい、明治一三（一八八〇）年、鹿児島出身の陸軍少佐・村田経芳が苦心を重ねて作り出した最初の国産小銃で、口径一一ミリ槓桿《こうかん》（ボルト）式単発。

村田は銃を作るために生まれてきたような男で、小さいときから射撃の才能に恵まれていた。まるで西部劇のヒーローのように空中に投げた一銭銅貨を小銃で撃って百発百中だったとか、輸入銃のテストのために西南戦争に出かけて同郷人の薩摩兵を標的にしたとか数々のエピソードを残している。

ヨーロッパから大枚をはたいて買ってきた製作機械を東京小石川の**陸軍小銃製造所**（いまの後楽園遊園地・東京ドーム）にすえて作り始めた日本産小銃は、各国のものに劣らない一級品であった。村田にとっても会心作だったとみえて、翌年には世話になった各国陸軍をお礼参りした際にこの新作銃を寄贈、そのなかの一挺が今でもロンドンにある「帝国戦争博物館（IMPERIAL WAR MUSEUM）」に当時のままピカピカの状態で飾られている。
まだ制式兵器命名のルールがなかったのかもしれないが、銃に発明者の名を冠したところに初産を喜び感謝した軍の気持ちがうかがえる。これにつづいて次つぎと生まれてきた三〇年式、三八式、九九式などの小銃は陸軍大佐・有坂成章の手になるもので、外国では「**アリサカ・ライフル**」などと呼ばれているが、制式名では有坂の名はない（村田銃と同じように海軍でも海軍技手の下瀬《しもせ》雅充《まさちか》が発明した国産初の強力なピクリン酸火薬に「**下瀬火薬**」の名をつけ、その功に報いている）。

こうしてでき上がった村田銃は期待にそむかず、日本軍最初の対外戦の日清戦争で陸戦の主力火器として活躍したが、技術革新の波は激しく、わずか一〇年後の日露戦争では連発の三〇年式小銃に座を譲って第二線に退いた。

資源の乏しい日本では不要となった兵器でも廃棄するに忍びず、村田銃は中学校や青年学校に貸与されて教練銃に活用されたり、民間に払い下げて猟銃になったりした。古い学校には教練用として三〇年式や三八式小銃に混じってこの村田銃も残っていたが、学生たちは長くて重い旧式銃を敬遠して少しでも軽いほうを選んだ。

太平洋戦争がいよいよ末期状態に入って本土決戦の掛け声ばかり高くなったが、兵隊の数はどうやらそろえても兵器数、とくに小銃は絶対的な不足をきたした。竹槍や猟銃まで動員されるなかで当然、学校の倉庫に眠っていた旧式教練銃にも召集がかかってくる。村田銃もこのときはすでに六五歳の老兵で、実戦では役に立たない単発式、それも弾丸がはたして出るかどうかもわからないほど老いていた。日本の全面的降伏で本土決戦は幻に終わり、栄光の村田銃の名を汚さずにすむことになる。（陸）（↓三八式歩兵銃5・造兵5）

艨艟【もうどう】

新聞の写真やニュース映画に白波を蹴立てて走る勇壮な日本の軍艦が出てくると、その説明はまるで判で押したように、「〇〇海を往く我が艨艟」という具合になっていた。

その頃の新聞には学歴の低い読者でも読めるように漢字にはルビが振ってあったが、こんなに画数の多い漢語となると、小学生などには手におえない。

辞典を引くと、「艨」はボウまたはモウと読み、「いくさぶね、狭長にして敵の船を衝突するもの」とあり、「艟」はトウまたはショウと読んで、「いくさぶね、狭くして長く敵の船に衝突すべきもの」と同じことが書いてある。読み方はモウドウ、モウショウの二通りがある。要するに軍艦のことだが、もう少し詳しく説明すると、牛皮で船体をおおって矢や石を防ぎ、細長いへさきで敵船を突き破る船となっている。この字が作られたころは一般の船は幅広で平たく、戦闘用の船はまだ大砲も発明される前で、体当たり専門の細長い形をしていたらしい。各国の軍艦から艦首の体当たり専用の**衝角**《しょうかく》が除かれたのは、つい一九世紀半ばのことである。

結局、艨艟とは軍艦の代名詞なのだが、字画が多いだけいかにも重々しくて戦艦や重巡洋艦などを指すのにふさわしく、駆逐艦や掃海艇といった小艦艇にはそぐわない。前線から送られてくる記事や写真説明は、検閲を通るとき地名や部隊名などの固有名詞は伏字《ふせじ》になって、〃〇〇基地における××部隊〃というように記号だらけになる。艨艟も敵に知られたくない新鋭艦の艦種を表に出さないために使われた便利な用語で、見方によってはミステリーを解く楽しみもあった。

戦争中に造られた新戦艦「大和」「武蔵」や航空母艦「大鳳」などの艦艇は、国民にいっさい知られないまま太平洋の藻屑と消えた。（海）　（↓銀翼5）

喇叭【ラッパ】　金属楽器にはホルン・サキソフォーン・トランペット・ピッコロなどいろいろあるが、これを一括してラッパなどといえば音楽愛好家に叱られる。

ほかにも夜鳴きそばのチャルメラ、蓄音機のラッパ、きせるの別名としてのラッパ、ラッパズボンなどがあるが、ふつうラッパといえば軍隊の信号ラッパのことになる。音階も音量も調節部品がないために、吹き手の口先一つで変わり、肺活量いっぱいに鳴らすと、その音は野山を越えて遠くまで信号を送れる。ホラを吹いたり大言壮語することを〃ラッパを吹く〃というのもその辺である。

自衛隊にもラッパがあり、旧軍隊が昭和五（一九三〇）年に制定した日本楽器製の**九〇式ラッパ**とそっくり同じものを使っている。エレクトロニクス万能の現代に時代遅れのようだが、すべての通信器が破損したり、故障したあとの連絡の手段として手旗とともに残されている。隊員が吹くこともあるが、ほとんどは録音のスピーカー放送で、起床や課業開始を伝えている。

勇ましくラッパを練習している隊員たちも、この語源や字を知っているものはまずいないであろう。

この妙な言葉は、英語ではBUGLE、フランス語ではRAPPELであり、〝呼び戻す、呼び集める〟などの意味がある。

日本ではそのはじまりは慶応二（一八六六）年の春に、江戸城を守備する幕府歩兵隊がフランス人教官から歩兵ラッパの教習を受けたときとされているから、フランス語のラッペルがラッパになったともいえよう。

さらに一説には、その源は古代サンスクリットで「叫ぶ」を意味するRAVAにあり、教典で中国に伝わって喇叭の字となったともいわれる。

中国語の発音もラッパであり、日本に伝来したものはフランス教官からも中国渡りも同じくラッパとなった。

かつて陸軍の**消灯ラッパ**、海軍の**巡検ラッパ**は一日の激務を終わって床につく新兵たちには哀切身にしみる響きがあった。

西洋音譜など読めるはずもなかった兵隊たちは、多くの難しいラッパのメロディを歌に替えて代々伝承していった。（時代・場所によって歌詞が多少違っている）

陸軍の消灯ラッパの替え歌は、

〽新兵さんはかわいそうだね
　また寝て泣くのかよ——

海軍の巡検ラッパの替え歌は、

〽ねろねろねろ　みな床とって
　しょんべんして　ねんねこせ——（共）

榴弾砲・加農砲【りゅうだんぽう・カノンほう】　大砲の砲種には**野砲・山砲・要塞砲・列車砲・歩兵砲**など、だいたい字を見れば用途のわかるものがほとんどで、**迫撃砲**や**速射砲**なども理解できないことはない。その中でこの榴弾砲と加農砲とは例外であろう。簡単な和英辞典ではRYUDAN-PO＝HOWITZER, KANON-HO＝CANNON GUNとなっており、これを英和で引き戻すとHOWITZER＝榴弾砲、CANNON＝カノン砲、大砲のこととあり、イタチごっことなって何のことやらわからない。

カメラにもキヤノンがあってよく混同されるが、昭和八（一九三三）年に創立のさい、社長が熱心な観音信者であったため、「観音カメラ」KANNONで売り出され、戦後に輸出用にCANONと名を変えたのであり、Nが一つ少なく大砲とはなんの関係もない。

話をもとに戻すと、「**榴弾**」とは着発信管と時限信管で、破裂してたくさんの断片を四散させ敵陣を破壊し敵兵を殺傷する砲弾のことで、破裂した形がざくろ（榴・石榴）に似ているところからこの名がある。

　この榴弾を発射するから榴弾砲なのだが、他にも当然、徹甲弾や発煙弾・信号弾・焼夷《しょうい》弾なども撃ち、榴弾しか発射できないわけでもない。だいたい、大砲の発射する砲弾のほとんどはこの榴弾で、高射砲やロケット（発射筒）、いまのミサイルまで例外ではない。軍艦の艦砲は対艦用の**徹甲《てっこう》弾**だが、陸上砲撃などにはこの榴弾を発射する。昭和一七（一九四二）年のガダルカナル島争奪戦では、戦艦「金剛」、「榛名」が一〇〇〇発の三六センチ**徹甲弾**と**焼夷榴散弾**を飛行場に撃ち込んでいる。

　ちなみに榴弾の砲は、「ほう」ではなく「ぽう」で、促音や「ん」の後につく「ほ」を「ぽ」と読む慣習からくる。殺法・漢方・憲法などがそれである。

　もう一つのカノン砲はどうか。日本語で加農という字をあてたが、原語のCANNONはキャノンではなくてフランス語のカノンで、広義で大砲全般の普通名詞である。直訳すればカノン砲は大砲砲という妙な具合になる。

　結論を先にいえば弾種や字義からではなく、榴弾砲

野戦重砲部隊の花形だった四年式15センチ榴弾砲の放列

は「比較的砲身が短く湾曲弾道を描いて掩護物の後ろを撃つ」大砲、カノン砲は「長砲身、低伸弾道で目標を直接に撃つ」砲種をさす。カノンの語源は、管を意味するラテン語のカンナからきている。

簡単に、弾道から分けて「湾曲弾道」が榴弾砲、「低伸弾道」が加農砲、「大湾曲弾道」が**臼砲**と三つに区分することもある。臼砲はいまの**迫撃砲**である。

このように砲種の名づけがあいまいなのも、明治建軍期のどさくさまぎれの産物だからであろう。徳川時代までは大砲は一括して「**大筒**《おおづつ》」だったが、輸入砲が入ってくると、「**四斤**《きん》**野砲**」とか「**八センチクルップ砲**」といった名称をつけた。

四斤は砲弾の重さで一斤は六〇〇グラム、センチは砲の口径または砲弾の直径で、当時フランス式の陸軍もイギリス式の海軍も同じくフランス読みのメートル・センチを公的に使っていた。

日本陸軍が最初に榴弾砲と名づけたのは、明治三一（一八九八）年にドイツのクルップ社から輸入した克式《くしき》一二センチ砲 HOWITZER に「**三一式榴弾砲**」と制式名をつけたのがはじまりで、加農の名の出現はそれよりも早く、慶応年間には大阪城の要塞砲に幕府が鋳造したフランス式一二斤加農砲が姿を見せている。つまりフランス訳の加農の名づけ親は徳川幕府である。

万事、旧軍色払拭の傾向にある自衛隊が、徳川時代の名残りや建軍期の意味のあいまいな言葉を使っているのは興味深い。（陸）

（→歩兵砲5・速射砲5）

零戦【れいせん】

昭和一五（一九四〇）年九月、中国の臨時首都・重慶の上空に突然一五機の日本機が現われて、上空を警戒していた中国機二七機すべてを一瞬のうちに撃墜し無傷のまま悠然と立ち去っていった。

このパーフェクト・ゲームは終戦後まで公表されなかったが、この新型機こそ、それから五年間にわたり太平洋全域を暴れ回った日本海軍の至宝「海軍零式艦上戦闘機」の初陣であった。

すでに「ゼロセン」の名称で定着しているこの傑作機の制式名は「レイ式戦闘機」で、その制定年が皇紀二六〇〇（一九四〇）年のため最後の一桁をとって名づけられた。すべてにわたって海軍と同じであるのを避けた陸軍では、同じ制定年でも下三桁をとって「百式偵察機」と定めている。

西暦を制定年にとっている自衛隊にも六四式小銃や九〇式戦車があるが、二一世紀になると〇式戦闘機二世が生まれるかもしれない。皇紀と西暦との差は六六〇年である。

太平洋の戦線に次々と姿を現わしてくる日本の新型機に、アメリカ側は〝キティ〟とか〝ベティ〟とかニックネームをつけて識別していたが、零戦には〝ジークZEEK〟の名をつけた。兵士らは簡単に〝ゼロ〟と呼び、それが戦後逆輸入されて〝ゼロセン〟となって定着した。

〇《れい》はゼロと発音するから、まさしく日本語では「レイ式戦闘機」、英語では、「ゼロ・ファイター」であろう。ゼロ戦は、ナイターやオーエルと同じ和製英語だから外国人には通用しないが、今どきレイセンなどといおうものなら、よほどのオタクと思われかねない。

　戦争が二年目に入った昭和一七（一九四二）年、陸軍は、〝覆面をぬいだ新鋭戦闘機「**隼**《はやぶさ》」の写真を発表した。制式名を「一式戦闘機」という。この新鋭機が配属された陸軍飛行第六四戦隊はマレー・シンガポール作戦、インドネシア・ビルマ作戦で大活躍したが、この戦隊長の加藤建夫中佐は戦死後二階級特進したうえに「**軍神**」となり、六四戦隊は「加藤隼戦闘隊」となって映画化された。

　外国では軍用機に愛称をつけることは常識であったが、戦前の日本軍にはその風習がなく隼がその最初である。この陸軍の隼につづいて海軍も愛称をつけるようになった。

　陸軍が隼につづいて二式戦闘機**鍾馗**《しょうき》、三式戦闘機**飛燕**《ひえん》、四式戦闘機**疾風**《はやて》、二式複座戦闘機**屠龍**《とりゅう》の

南方の基地で待機中の「ゼロ戦」（零式艦上戦闘機）21型

他、爆撃機にも呑龍《どんりゅう》、飛龍などと速く強く勇ましい名づけをすれば、海軍も負けじと戦闘機に月光、強風、紫電《しでん》、雷電、艦攻や艦爆に流星、彗星、天山、陸攻・陸爆に銀河、深山、連山、偵察機に景雲、彩雲、瑞雲《ずいうん》、紫雲《しうん》、練習機にまで白菊《しらぎく》、紅葉《こうよう》などの多彩な名をつけた。

なかには、試作機だけの名前倒れの機種もあったが、体当たり専門の特殊攻撃機にも剣《つるぎ》、桜花《おうか》、橘花《きっか》など勇ましい名前がつづく。剣攻撃機の実体は、機体はブリキ製、武装もなく離陸すれば、脚（車輪）が落下するという粗末な機種であった。

ついに一生涯、愛称もつけられないまま零式艦上戦闘機は全戦域で奮戦し短い命を終わったが、名ばかり勇ましい新型機の中には名前負けして最期を飾れずに終わったものもあった。

（海）　（↓軍神８）

鹵獲【ろかく】　鹵は今やまったく使われていない難字の一つとなり、簡単な辞書やパソコンには入っていない。意味も、塩・不毛の土地・楯・掠《かす》めとるなど一貫性がない。

天子の行列を指す「鹵簿《ろぼ》」という言葉があり、〝伊勢神宮に行幸の天皇陛下の御鹵簿は粛々と進み……〟など新聞に書かれたが、これも古語となった。このときの鹵は護衛兵の楯から由来しているのだろう。

掠《かす》めとるの筋からは鹵掠《ろりゃく》＝人の財物をかすめとる。鹵獲＝戦勝の結果、敵の兵器や軍用品を奪い取ること、戦利品とあり、これが鹵獲兵器・鹵獲艦・鹵獲機といった兵語となった。

太平洋戦争が勝ちいくさだった頃、九段の靖国神社の境内にマニラやシンガポールで分捕《ぶんど》った英軍・米軍の鹵獲兵器の展示があった。生まれて初めて見た外国の兵器に目を丸くした小学生には鹵獲など読めようはずもないが、父親はあっさりと〝分捕り品さ〟と説明する。

戦時中の歌謡曲の『上海だより』に、

〽見てろ今度の激戦に
　タンクを一つ分捕って
　ラジオニュースで聞かすから
　待ってて下さいお母さん

の一節があり、分捕りのほうが庶民的で勇ましい。省庁が国家予算を取り合う予算分取り合戦などいまでも生きている。

日本軍がフィリピンを占領したとき、世界最強の爆撃機として名高いB17「空の要塞」を一機無傷で手に入れた。試験飛行かたがたこの鹵獲機が日の丸のマークをつけて東京上空を飛んだときが絶頂期で、それから三年後には米空軍のマークをつけた日本の鹵獲機がアメリカの空を飛んでいた。（共）　（→俘虜上3）

6. 服装・装備

えんかん服（海）
円匙（共）
恩賜の軍刀（共）
金鵄勲章（共）
グシャ長（陸）
グルメット（陸）
軍旗（陸）
軍隊手牒（陸）
国防色（共）
袴下（共）
戎衣（共）
従軍記章（共）
将校行李（陸）
飾緒（共）
ジョンベラ（海）
正衣・正袴（共）
善行章（海）
短剣（海）
弾薬盒（共）
鉄兜（共）
天保銭（陸）
七つボタン（海）
認識票（陸）
被甲（陸）
兵科色（陸）
ペンネント（海）
繃帯包（共）
帽垂れ（陸）
巻脚絆（共）

えんかん服【えんかんふく】

　耳で聞くと何のことかわからないが、**煙管服**と字を当てるとわかったような気がする。

艦内で働く兵たちは襟《えり》付き木綿製の白い上下の**事業服**で仕事をするが、機関室で油まみれになる機関科の将兵は白いつなぎのオーバーオールの**掃除服**と呼ばれる特別な服を着る。この俗語がえんかん服である。

　石炭が燃料であった時代からボイラーから出る煙は、煙草を吸うきせると同じ字の太い煙管を通り煙突から外に排煙させる。

　このすだらけになった煙管の掃除がたいへんで、全身真っ黒になってやるが、この掃除服が煙管服となる。

　昔は機関兵だけの作業服だったが、やがて海軍に飛行機が入ってくると、航空科の整備兵たちもこれを着るようになった。機関兵も整備兵もいずれも油だらけとなり、自称・他称の「**油虫**」の綽名もあったが、煙管服はこの油虫たちエンジニアの誇りあるユニフォームであった。

　東北地方では、えをいと発音するなまりがあるため、この地方出身の下士官や兵の中には、いんかん服となまって使う者もいた。

　いずれにせよ、あまり字とは縁の薄かった兵隊たちにはどうでもよいことで、口から耳へ言葉を覚えていき、なまったままで使われた。

実務に困らなければ語源などどうでもよいということで、航空科出身の書いた文章のなかには、えんかん服は煙間服・煙火服など当て字の言葉を見るときがある。（海）

円匙【えんぴ】

穴を掘るスコップ（SCOP）、シャベル（SHOVEL）のこと。スコップはオランダ語で、シャベルは英語である。

匙はお茶や砂糖をすくうさじのことで、音は「し」だから、ほんとうは「えんし」だ。漢方薬で使うさじも「薬匙《やくひ》」、「合匙《ごうひ》」である。どこで「えんぴ」となったのかはわからない。

大型と小型があり、**大円匙**は柄も長く本体も大きくて工兵などが本格的な土木工事に使う。小型のほうは**小円匙**と呼ばれ、歩兵などの徒歩兵が背嚢《はいのう》につけて携帯し、個人用の**掩体**《えんたい》（蛸壺）を掘るのに使用する。小さな木の柄と鉄のさじに分解され、小さな穴が開けられて塹壕《ざんごう》から敵を覗《のぞ》く防弾具にも使われる。また、周囲には鈍い刃がつけられており、**白兵戦**のとき兵器にもなる。

石川達三の『生きている兵隊』には、兵器を持たない従軍僧が念仏を唱えながらこの円匙で敵兵を斬殺する情景が描かれている。（共）

恩賜の軍刀【おんしのぐんとう】

恩賜とは天皇・皇后から品を贈られること。ときに御賜と書かれていることもある。

西南戦争が終わったばかりの明治一一（一八七八）年、陸軍士官学校の第一回卒業式に行《ぎょう》幸《こう》した明治天皇は、二人の優等生に自ら恩賜の刻印の入った洋式軍刀をプレゼントした。

これが先例となって、それぞれの軍学校の優等生に恩賜品が贈られるようになったが、恩賜品は時代や学校でさまざまであった。

陸軍大学校　はじめ望遠鏡、のち軍刀
同専科学生　はじめ双眼鏡、のち軍刀
陸軍士官学校　はじめ軍刀、のち銀時計
陸軍予科士官学校・幼年学校　銀時計
陸軍砲工学校　軍刀
憲兵練習所　銀時計
海軍大学校　長剣
海軍兵学校　短剣
各術科学校　銀時計

各学校には代理の侍従武官や皇族が出席したが、東京にある陸大・陸士・海大には原則として天皇自身が出席し、卒業優等生に恩賜品を手渡すが、当時では名誉きわまりないものであった。

なおこれは軍学校にかぎらず、天皇の大学である旧帝国大学でも恩賜の銀時計があった。

陸軍大学校卒業式で恩賜の軍刀を授与された成績優秀者

恩賜の習わしは、この卒業優等生だけではなく、戦況上奏に宮中に参上した将軍や勲功抜群の将校にも拳銃や軍刀が贈られた。

天皇みずからでなく部隊経由であるが、この慣行は一般の将兵にもゆき渡り、特攻隊や決死隊の隊員には出撃前に**恩賜の煙草**が、傷病兵たちには病院から皇后の手巻きと伝承されている**恩賜の包帯**がさずけられた。

忠君愛国の念の強かった当時の将兵たちは、これだけで感激の涙を流し、使わずに持ち帰って桐の箱に入れ家宝としたりしている。

〽恩賜の煙草をいただいて
　あすは死ぬぞと決めた夜は――

と歌った軍歌『空の勇士』は、その気分を表現している。

軍刀・拳銃・銀時計などは、戦後いずれも軍の消滅とともに姿を消したが、恩賜の煙草はいまだに生きつづけている。

国体や植樹祭の関係者などに宮内庁から恩賜の煙草が配られ、昔気質《かたぎ》の人は大切に納《しま》っているが、多くはその場でスパスパと喫《す》ってしまい、〝うまくないナァ〟などと文句をいっている。戦前ならば明らかに不敬罪に該当するに違いない。（共）

金鵄勲章【きんしくんしょう】

わが国の叙勲制度は明治八（一八七五）年四月に始まり、敗戦と同時にストップしたが、昭和三八（一九六三）年に再開されている。このとき、明治以来の菊花章・桐花章《とうか》・旭日章・瑞宝章・宝冠《ほうかん》章など各種の勲章が復活復権したが、今日にいたるまで復活できない勲章が一種類ある。それがこの金鵄勲章である。というより、昭和二二（一九四七）年の新憲法制定と同時に廃止されたから、改めて法律で定められなければふたたび陽の目を見ることはない。

この勲章は明治二三（一八九〇）年の「**紀元節**《きげんせつ》（現在の建国記念日）」に、〝武功抜群の軍人・軍属〟のために設けられた。総理大臣であっても文官ではもらえず、軍人であっても役所務めで出世した実戦歴のない軍人ももらえなかった。戦時中や戦後の軍人の功績を調べて**論功行賞**が行なわれるが、とくに功績（手柄）のあった将兵が「殊勲」となり、ランクが甲・乙に分けられて、**殊勲甲**、**殊勲乙**の将兵が受賞の対象となった。ほかの勲章が勲一等から勲八等までランキングがあるのに対して、この軍人専用勲章は功一級から功七級まで将兵の階級に合わせて受章する。

たとえば大軍を指揮して勝利を得た大将は功一級（初叙功三《しょじょこうさん》）を、敵城に一番乗りした最下級の二等兵は功七級を胸に飾ることになる。実力本位の武功勲章だから、金鵄のない大将や隊長もあれば、受章して胸を張る二等兵もいることになる。

金鵄の語源はそのデザインにある。古代武具の楯《たて》と矛《ほこ》を交差し、その上部中央に金色の鵄《とび》が翼を広げている図案である。これは『古事記』に残された初代の神武天皇が九州から紀伊半島に上陸し、土地の長髄彦《ながすねひこ》と対峙して苦戦中に一羽の金のとびが天皇の弓の上にとまり、その反射光で目のくらんだ敵に大勝利を収めたという故事による。

ところが研究家によると、この話はハンガリーの神話伝説にもあるという。ハンガリーはジンギスカンのモンゴルに征服された土地であるから、実はこの話の根源はモンゴルにあってその枝が東西に分かれて伝わったとみれば興味深い。

このように金鵄勲章は軍人最高のシンボルであったが、実は実利もともなっていた。勲章の授与と同時に功一級で九〇〇円、最下級の功七放で六五〇円（のち一五〇円）の年金が生きているかぎりついている。明治初期では一〇円もあれば一家が一か月食べていけたから、貧農出身の兵士にとっては夢のような大金だった。兵士たちは名誉と欲との抱き合わせで、生命を賭けて一生懸命に戦った。

最初の功二級は維新戦争の最高司令官の有栖《ありす》川宮熾仁《がわみやたるひと》親王に贈られ、最初の兵士叙勲は日清戦争で韓国平壌の玄武門に一番乗りをした一等卒原田重吉が受章した。この功七級の金鵄は今でも陸上自衛隊富士学校に保存されているという。戦争余話としては原田は戦後、この金鵄の年金のために酒とバクチに身をもち崩し、ついに旅役者となったあげく野たれ死にしたと伝わる。

昭和に入って戦争がエスカレートし、金鵄の受勲者が激増すると生涯年金制度では政府の国

功１級金鵄勲章（右）と功２級正章

家予算に大影響を与えるようになる。そのため年金制を一時金制に切り換えた（一九四〇年四月）。それも戦時中で金がないことから国債の形で与え、簡単にいえば政府の借金であった。

戦時下のインフレで功七級の一時金一五〇円は雀の涙、しかも敗戦とともにその年金・一時金制度は無効となり国債はただの紙屑《かみくず》となった。明治以来終戦までの金鵄勲章の受章者は功一級の四六人をはじめとして、計一〇万八六五二人。戦後も生き残った叙勲者たちは金鵄連盟をつくって、ミニチュアの金鵄勲章を胸につけ、名誉と年金の復活を運動していたが、老齢化のためその声は消えていった。

いま、かつての金鵄に代わる名誉メダルは新設された国民栄誉賞で、軍人ではなく野球選手や俳優・歌手などがもらっている。（共）　（→従軍記章6）

グシャ長【ぐしゃなが】

将校や騎兵・砲兵・輜重《しちょう》兵など、乗馬が本分の下士官兵は革製拍車つきの長靴をはく。

下士官兵の長靴は官給品なので材料も色も決められた頑丈《がんじょう》一式の規格品だが、将校の長靴は私物であり、黒または茶の革製とあり、あとは各人の裁量や好みに任せてある。将校の軍服に極端に襟の高いハイカラーや裏地に真っ赤な繻子《しゅす》を使った派手な裏地があるのも、武人特有のダンディズムである。

将校の長靴も、概して硬い筒型のタイプだが、なかには筒の部分に柔らかい高級ななめし革を使った伊達者もいた。手をはなすと上の部分がぐしゃぐしゃとつぶれるので、グシャ長という俗語を生んだ。

日露戦争（一九〇四〜五）の旅順要塞戦や明治天皇への殉死で知られている乃木希典大将は、詩歌をよくした文人であるとともに、服装には神経質なダンディであったこともかくれもない事実であった。

戦争中にカモフラージュのため軍服が目立たぬカーキ色に変わり、他の将軍たちも、いっせいにこれに従ったが、乃木将軍はただ一人、頑として愛好するフランス式肋骨飾りのある黒の旧式軍服を着通していた。激戦の中でもほお髯《ひげ》、あご鬚《ひげ》はよく手入れされ、長靴はもちろんフランス製の黒いグシャ長であった。

少将のときに軍事研究のためドイツに留学したが、他の留学生たちの帰国報告のテーマが作戦や組織・兵器といったなかで、乃木のレポートは「ドイツ陸軍の軍服について」だったという。（陸）　（→営内靴7）

グルメット

連隊旗手を務めたことがある作家の村上兵衛氏の作品に『桜と剣　わが一家の自分史で、三代のグルメット』というのがある。祖父・父・自分の三代にわたる軍人のこと。ここではグルメットは陸軍将校のシンボルとして使われている。

GOURMETTEは、フランス語で食通のグルメに似ているが、軍刀を吊る金属製の鎖のこと。民間の懐中時計や腕時計の小さな金鎖《きんぐさり》も同じグルメットである。

腰に佩《は》いた軍刀は軍人の誇りであり、銀色のメッキがまばゆい吊具《つりぐ》の輝きと鎖の触れ合う音色は軍人志願の少年たちの憧れの的であった。明治以来の洋式サーベルの吊具はこの銀鎖だったが、昭和時代に入ると軍刀が復古調の太刀型となり、吊具も皮革にかわって裏地の色で将官は赤字に金粉、佐官は赤、尉官は青と階級を表わした。

近代戦では男のロマンを表わす銀鎖の輝きも、チャラチャラした金属の触れ合う音も敵兵の狙撃の的にしかならなくなった。（陸）

軍旗【ぐんき】 軍隊には洋の東西を問わずいろいろな旗があるが、敵味方を識別する戦国時代の旗差物《はたさしもの》や通信に使う信号旗は軍旗とは呼ばない。

『広辞苑』には二通りの説明があり、「①軍陣で主将の存在を示す旗。②軍隊の表章とする旗」とある。

①は武田信玄の「風林火山」の旗などが代表的で、豊臣秀吉の「千成瓢箪《せんなりびょうたん》」の馬印なども、それに準ずるものだろう。

もう一つの②が日本軍にあてはまり、別の名を**連隊旗**ともいうように、連隊の力と団結のシンボルとされたが、この連隊旗のひるがえる所には連隊本部があり連隊長がいるのだから、①も含まれることになる。

明治七（一八七四）年一二月二日、陸軍の歩兵・騎兵・砲兵の各連隊旗が制定された。この軍旗は宮中で天皇みずからが新しい連隊の連隊長に手渡す「親授《しんじゅ》」で、

「歩兵第○連隊編成成《な》ルヲ告グ。ヨッテ今軍旗一旒《りゅう》ヲ授《さず》ク。ナンジ軍人等《ら》協力同心シテ、マスマス威武ヲ宣揚シ、以テ国家ヲ保護セヨ」の勅語がつく。

これに対して新連隊長が、「ウヤマイテ明勅を奉ズ。臣等死力ヲツクシ、誓ッテ国家ヲ保護セン」と決意を奉答するパターンとなっている。

このあとピカピカの青年少尉の旗手に捧げられて兵営に戻り、壇上の軍旗を中心に編成式が行なわれる。明治憲法では軍隊の指揮権・統率権は天皇にあると定められ、親授された軍旗は最高指揮官である天皇に代わる旗であるから、連隊長以下全員が天皇・皇后に対する礼―最敬礼を行なう。

最初の歩兵連隊旗は明治七（一八七四）年一月二十三日、法制化する一一か月前に近衛兵第一・第二の二連隊に授けられている。騎兵連隊旗は、はるかあと日清戦争後の明治二九（一八九六）年が最初。砲兵連隊旗も制定されたが、ついに陽の目を見なかった。

このように、日本軍では軍旗は歩兵・騎兵連隊の代名詞のようなものだが、のちに大隊だけの独立混成旅団や独立歩兵旅団のようなユニットができると、兵隊

傷んで房だけになった連隊旗を先頭に整列する歩兵連隊

たちは白地に山形を描いただけの小さな大隊旗を軍旗と呼び替えて、連隊旗から離れた淋しさをおぎなった。もちろん、これはただの部隊識別旗であって正規の軍旗とはいえない。

政府正規軍、つまり官軍のシンボルとしては日月を金銀で描いた赤い錦織りの「**錦《にしき》の御《み》旗《はた》**」があり、鎌倉時代から維新戦争まで使われたが、明治軍旗のデザインは一新された。

白の羽二重地に一六条の旭光を放つ真っ赤な旭日旗《きょくじつき》で、三辺が紫の房で縁どられ黒い千段《せんだん》巻《ま》きの竿《さお》の頂上には金の菊の御紋章が輝き、紅・白・金・紫色とりどりのはでやかなものであった。

寸法は歩兵の軍旗が縦約八〇センチ、横約一メートルの横長。騎兵の軍旗は縦・横六〇センチのひとまわり小さい正方形になる。

下隅の余白の部分に連隊名に、加えて親授した歴代天皇の署名、睦仁《むつひと》（明治）、嘉仁《よしひと》（大正）、裕仁《ひろひと》（昭和）の署名があるが、戦争末期の旗にはこの署名がない。もう一つ、羽二重地には補強のため縦横にステッチの糸目があり、これも歴代皇后みずからの手縫いであったという伝承があるが、このほうの真偽のほどはわからない。

現在の陸上自衛隊旗（連隊旗）も旭日旗であるが、こちらは旭光が八条と少なく、いささかさびしい。明治の軍旗制定のとき、はじめの案は旭光が太く数も少なくて、〝まるで金平《こんぺい》糖《とう》のようだ〟と評されたが、自衛隊旗もそういえばコンペイトウに似ている。

連隊団結のシンボルであるとともに神格化された天皇の身代わりのような存在であったから、将兵の思い入れもひとしおで、勝利のときは部隊の先頭に立ち、敗北・玉砕の悲運に遭《あ》えば連隊長は腹を切り軍旗は奉焼式を行なって灰と化する。

歩兵連隊旗の数は最終的に四二七旒《りゅう》とされているが、戦争中に玉砕奉焼、輸送の途中で海没、司令部全滅による行方不明、また戦後は全部隊が所在地で奉焼しており、九段の靖国神社「遊就館」に保存されている歩兵第三二一連隊旗が世界に現存する唯一の軍旗である。

軍旗への思い入れとその貴重さは外国人にも聞こえていると見えて、アメリカの知人が自分が持っている日本の軍旗を譲ってもいいといってきた。戦争中に捕獲された史実もなく、はなはだ眉唾《まゆつば》物だが、〝全財産と交換してほしい。足りなければ女房をつけてもいい〟と答えると、〝女房のほうは、うちのと交換してくれないか〟と返事してきた。（陸）

（→戦闘旗上3）

軍隊手牒【ぐんたいてちょう】　ポケットサイズで手帳式の陸軍下士官・兵の身分証明書。牒は帳の旧字で、旧仮名づかいではちょうはてふと書くため蝶蝶はてふてふ、手帳はててふとなり、いまでは何のことやらさっぱりわからない。

灰茶色布張りの表紙を開けると、まず朱色に印刷した長い「**軍人勅諭**」があり、つづいて所持者の氏名・生年月日・本籍・所管・兵科から身長や服の寸法などを書き入れる欄がある。明治・大正時代にはこの他に族籍の欄があり、士族とか平民の身分を書き入れたが、やがてこれはなくなった。

このあとの数ページの余白に、入隊から除隊までの異動・昇進・賞罰が上官によって書き込まれ、身分証明兼履歴書ともなる。この手帳は陸軍兵だけで、海軍兵は折りたたみ型の履歴表になる。

かつて一冊の軍隊手牒を見る機会があったが、昭和一一（一九三六）年に入隊以来、中国の各地を転戦し、その内容は履歴欄の用紙を埋めつくし、さらに貼り足して書き入れるほど充満したものなのに、終戦時の階級は上等兵となっていた。上等兵は下から三番目の階級で、平時ならば二年で達する階級である。戦時中とはいえ終戦までの九年間戦いつづけて、やっとたどりついたわけでご苦労さまといいたくなる。

下士官・兵の身分証明書兼履歴書

この軍隊手牒は、その内容は敵から見れば貴重な情報源で、戦死体から回収されアメリカ兵は手頃な戦場みやげとして国に持ち帰った。玉砕した硫黄島の戦場から、アメリカに渡ったその一冊が何かの機会で私の手に入ったことがある。氏名・本籍地がはっきり読めたので、人を介してその本籍地の村役場に送ってみたところ、意外にも遺族となった奥さんから手紙が来た。

〝昭和二〇年硫黄島で戦死〟とだけの公報で、遺骨も帰らず悲しみの年月を過ごしてきたが、思いがけず唯一の遺品の軍隊手牒が届き、一晩懐しさで泣き明かした。さっそく、親類一同を呼んで法要を営み、ようやく数十年ぶりで胸のつかえが下りた。手牒は遺骨の代わりに故郷の先祖代々の墓に丁重に葬った、と書かれてあった。（陸）（↓軍人勅諭上4）

国防色【こくぼうしょく】　二〇世紀のはじめ、南アフリカ植民地のイギリス軍は独立を目指すヨーロッパ系現地人のボーア人といわゆる「ボーア戦争」を戦っていた。

当時の英兵の軍服は鮮やかな赤服や白服で、狙撃の絶好の標的となり戦死者が絶えなかった。このため急いで手近な泥水で服を土色に染めて対抗するが、これが**カモフラージュ**（迷彩）の始まりである。派兵されたのがインド駐屯の英軍でありインド兵が多かったためか、ヒンドゥ語で土ぼこりをKHAKIというところから**カーキ色**の語源となった。

日本陸軍も明治三七年（一九〇四）年の日露戦争の中頃から、それまでの濃紺の軍服をカーキ色に切り替えた。黄色に淡い茶が混じった色、枯草色などとあるが陸軍では茶褐色としている。

スマートな海軍の紺や白服にくらべて陸軍の服は泥臭いといわれているが、泥水染めから始まったのだから当たり前だし、日本陸軍に限ったことではない。各国も戦闘服は戦場に合わせて茶色・茶褐色・緑色・青灰色など地味な目立たないものに転換している。

昭和九（一九三四）年、陸軍省は、このカーキ色に新しく国防色という名前をつけて軍だけでなく、民間の制服もこの国防色に統一するよう呼びかけた。中国東北部で繰り広げられていた「**満州事変**」がようやく片づき満州帝国が誕生したものの、中国大陸にも太平洋にも暗雲がただよう非常時だったから国民の対応も早く、アッという間に日本中が国防色であふれた。

昭和一五（一九四〇）年には民間礼服の**国民服**が制定され、文部省も全国男子中学生の制服を国防色とするよう定めた。私が旧制中学に入学したときも小学生の黒服半ズボンから国防色長ズボンとなり、帽子も学生帽から陸軍の**戦闘帽**（略帽）型になって兵隊になったような気分がした。

文部省が一片の通知で〝制服は国防色〟と指定したものの、服地は物のない時代にそれぞれの家庭で調達したものだから生徒が集まってみると緑色・枯草色・茶色とてんでばらばらで、それまでの黒一色の学生服よりも統一感は薄くなった。

もともと緑の交通信号を「青信号」というように色彩感覚のラフな民族性だから、陸軍省・文部省も民間団体も国防色の概念はあいまいで、体験者に尋ねてみるとその答えも千差万別である。（共）

袴下【こした】　幕末に西洋文明とともにズボンが入ってきたときに、当時の日本にはその物がなかったために名称がなく、フランス語のJUPONがズボンになまってそのまま残っている。しかし、下にはく**ズボン下**が軍隊に入るとこの袴下となった。

和服がすべてだった時代にも、武士の戦闘着として俗に「かるさん」と呼ばれた「裁付《たつつけ》袴《ばかま》」や職人や農民の仕事着としての「股引《ももひき》」など足を入れてはく衣服はあったが、デザインはズボンと大いに違う。

幕末には西洋式軍服の上下を**筒袖**《つつそで》・**段袋**《だんぶくろ》と呼んでいたが、明治陸軍になると正式には上着を**軍衣**、ズボンを**軍袴**《ぐんこ》と決めた。だからズボン下は袴下となる。礼装用が**正衣袴**《せいいこ》、通常着が**軍衣袴**、作業用の略装が**略衣袴**で、すべてをひっくるめて軍服となる。これではまるで和服時代のころも・はかまと同じだが、漢語第一の格式至上思想の表われであろう。

庶民の使っていた長い股引《ももひき》や短い猿又《さるまた》、下着のステテコといった俗な言葉は軍の威信を傷つけるものにちがいない。ついでに靴下も足袋《たび》であり**軍足**《ぐんそく》となる。ところがこの袴下は西洋のズボン下とも異って、腰まわりと足首を細ひもで結びボタンは使っておらず、むしろ伝統的な股引に近い。ボタン留めの多い外国の服にくらべて、ひも結びが随所に見られるのは獣角などの材料が少なかった民俗的風習であろう。

日本海軍は手本としたイギリス海軍の用語のガンルーム・カッター・ダビッド・ロープなどを訳さずにそのまま使っていたが、最初はフランス語の号令などを使っていた陸軍のほうは早い時期に外来語を一掃した。陸軍のほうがナショナリズムが強かったのだろう。

改めて兵たちに身近であった服装の用語を陸軍の『被服手入保存法』という教範から拾い集めると、**外被**《がいひ》（レインコート）、**長袴**《ちょうこ》（ふつうのズボン）、**短袴**《たんこ》（乗馬ズボン）、**襟布**《えりふ》（カラー）、**編上靴**《へんじょうか》（あみあげ靴）、**包布**《ほうふ》（布団カバー）など、いたるところに漢語表現の舶来品が出てくる。

不思議なことに、軍の制式の教範であるこの本には袴下ははかましたとあり、編上靴はあみあげぐつといずれも訓読みで規定しているのに実際の軍隊内では、こした、へんじょうかと音読みで呼んでいたのも厳然たる事実である。毎日忙しい兵士たちにとっては、格式や規定よりも簡単なほうを選んだのであろう。

権威主義と便宜主義が折り重なったまま軍隊の歴史は閉じて、これらの言葉は死語となり、自衛隊では上衣とズボンである。

ただひとつ、最低限の下着であり、**私物**でもあった褌《ふんどし》は、太古の昔から一貫してその名は変わらない。（共）

戎衣【じゅうい】　戎は兵器の総称。中国の『礼記』にも「五戎ハ弓・殳《しゅ》・矛《む》・戈《か》・戟《げき》ナリ」とある。弓と大小の「ほこ」のことで、日本でも剣と戟とを合わせて剣戟（劇）映画という言葉をつくり、時代活劇の代名詞にもなっていた。

戎はこのほかにも、すぐ武力に訴える好戦的な野蛮人を指し、東の野蛮人が東夷《とうい》、西の野蛮人が西戎《せいじゅう》で、「東夷西戎・南蛮北狄《なんばんほくてき》」の熟語もある。中華思想の国にとっては、まわり全部が野蛮な国に見えたのだろう。これが広義に使われると軍人や戦争を意味する。「戎功」は戦争の手柄、「戎陣」は戦闘での陣容、したがって戎衣は軍人の服装―軍装で、**戎装・戎服**も同じ。

昔は軍装といえばものものしい武具・甲冑だが、時代とともに機動戦に向く身軽な軍服になっても「戎衣」が当てられた。軍人が着れば、軍服も礼服も作業服もみな「戎衣」である。昭和一四（一九三九）年、おりからの日中戦争の大動員で男たちは、ぞくぞくと召集され中国戦線に赴《おもむ》いていった。このとき、悲痛な気持ちで家族と別れる彼ら応召者をはげますために、雑誌王国の大日本雄弁会講談社（現講談社）は、『キング』などの一六雑誌をあげて歓送歌『出征兵士を送る歌』を募集した。

当選した生田大三郎の歌詞に歌手の林伊佐緒が曲をつけ、さらに作曲界の大御所・山田耕筰までが和音をつけたこの戦時歌謡は、キングレコードの花形歌手総出演でレコード化された。街頭や駅頭での応召者の見送りシーンのテーマソングとなったが、その第二節に、

〽戎衣の胸に　引き緊《し》めて

と出てくる。物がなくなってペラペラの化学繊維の戎衣を着て、緊張で青い顔をした出征兵士の姿はあまり勇ましくはなかったが、それでも語尾の、

〽いざ征《ゆ》け　つわもの　日本男児

のところにくると大声で歌いあげられ、それらしい雰囲気が出てきた。

六節までの歌詞のなかには、歩武《ほぶ》（兵隊が歩くこと）、武勲《いさおし》、大磐石《だいばんじゃく》、誓效《ちかいいた》さん、首途《かどで》、など凝《こ》った言葉が次つぎと出てきて、戦後出された軍歌集にも「歌詞がむずかしくて全部歌えなかった」などとある。

かっぽう着に愛国婦人会のたすきをかけ、日の丸の小旗を振って出征兵士を見送ったおば

さんたちも、戎衣が何だか知らずに歌っていたのではないだろうか。（共）（↓出征8）

従軍記章【じゅうぐんきしょう】　戦争や事変・事件に参加した軍人・軍属や文官に贈られる記念メダル。軍人は階級や功績の有無に関係なく同じように配布され、軍属には通訳・日赤看護婦、徴用された**御用船**の船員などがふくまれ、文官は占領地の司政官や警察官などだが、戦争に参加しても一般の会社員や商人・慰安婦などは対象からはずされた。

たいした戦功もたてずに勲章もなく、遺骨も戻らない戦死者にとっては、国からの唯一の遺品となる。敗戦国にとっては悲しい敗戦の記念品ともなり、軍人の胸を飾らずに二束三文で露店で売られたりもする。

日本の国は明治七（一八七四）年の最初の台湾出兵から、昭和二〇（一九四五）年の太平洋戦争まで大小二〇近くの戦争を行なっているが、正式に従軍記章が発行されたのは次の八回である。

「明治七年従軍記章」――台湾での日本人殺害事件からの出兵で最初の従軍記章。はじめは**従軍牌**《じゅうぐんはい》と称した。

「明治二十七・八年従軍記章」――最初の対外戦争であった清国との日清戦争のもの。捕獲した清国の青銅砲で鋳造した由緒がある。

「明治三十三年従軍記章」――西太后の義和団の事件のメダルで北清事変章ともいう。

日本が発行した従軍記章

明治七年従軍記章

台湾出兵時の日本最初の従軍記章。銀製円形、表面は中央の「従軍記章」の文字を桐葉の模様で囲んである。直径二五ミリ、八種中最小で、ほかの記章と異なり菊紋はない。裏面は右横書きで「明治七年歳次甲戌」の八字が刻まれている。

1. 略綬（板）【りゃくじゅ】：勲章・記章をつけないときに、かわりにつける
2. 綬【じゅ】：リボン
3. 飾版【かざりばん】：リボンをおさえる飾りの金属
4. 紐【ちゅう】：リボンとメダルを結ぶ金属
5. 章【しょう】：メダルの本体

明治二十七・八年従軍記章

日清戦争時のもの。銅製地色で宝珠形の直径三〇ミリ、表面は菊紋と陸軍連隊旗と海軍軍艦旗を交差した簡単な図案で、裏面は周辺に「明治二十七八年」、中央に「従軍記章」の文字が刻まれている。

明治三十三年従軍記章

北清事変章ともいう。黄銅製、円形三〇ミリ径で表面上部に小さな菊紋と「従軍記章」の四文字を囲むように鳳凰のデザインがあり、裏面は右書き二段で「大日本帝国明治三十三年」とある。出兵数が少なく、希少。

明治三十七・八年従軍記章

日露戦争の記念章。黄銅製、直径三〇ミリの円形。表面は比較的大きな菊紋の下に連隊旗と軍艦旗を交差、下に桐の紋章。裏面は中央の楯に縦書きで「明治三十七八年戦役」とありそれを右月桂樹、左戦捷草で囲む。

大正三・四年従軍記章

第一次世界大戦青島攻略戦で陸軍兵に配布。銅製直径三〇ミリの円形、表面上部に菊紋、その下に右連隊旗、左軍艦旗を交差しこれを桐の花枝で囲う。裏面に「大正三四年戦役」の縦書き文字が刻まれている。

大正三年乃至九年戦役従軍記章

第一次大戦に続くシベリア出兵滞陣者のほか大戦中の地中海・南洋などの海軍作戦参加者と中枢関係者に与えられた。大正三・四年従軍記章とは裏面の「大正三年乃至九年戦役」の縦書き文字のほかはすべて同じ。

昭和六年乃至九年事変従軍記章

満州事変時の記念章。青銅製黄色三〇ミリ径円形、表面上部菊紋に背光、中央に鵄（とび）が古代楯にとまりはばたく。裏面は右陸軍、左海軍の鉄かぶと、下に「昭和六年乃至九年事変」とあり背面に桜花を散らす。

支那事変従軍記章

最後の従軍記章。青銅製三〇ミリ径、表面に菊紋、軍旗・軍艦旗交差の中央に八咫烏（やたがらす）、背景に瑞雲と光。裏面に山、雲、波に中央右書きに「支那事変」の文字。もっとも多く発行配布された従軍記章。

国境事変従軍記章

ソ連・満州国境紛争時のもの。黄銅製三〇ミリ径円形、表面は満州の国章・蘭花の下に、地球の上に翼をひろげた鳩、背後に景雲と旭光。裏面は右横書き「国境事変」の文字の上下に景雲模様。満州国政府発行。

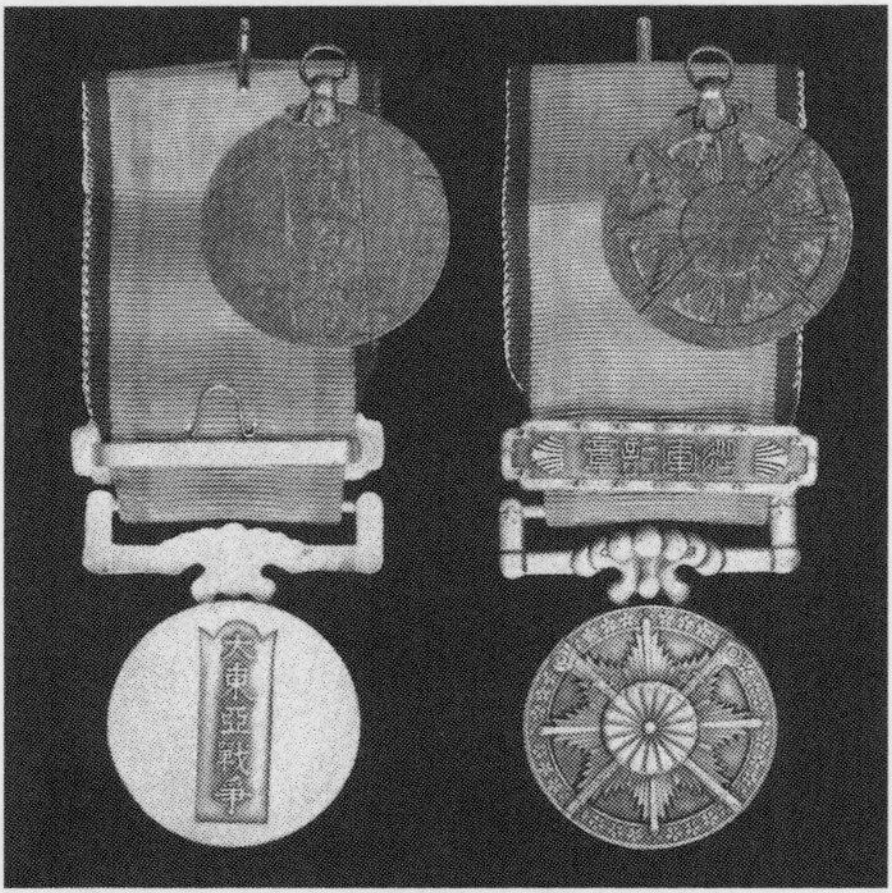

大東亜戦争従軍記章

一万個ほど製造されたが、敗戦で授与されなかった幻の記章。灰色錫製三〇ミリ径円形で、ほかに比して著しく粗雑なつくり、交差した古代剣の中央に大きな菊紋があり、そこから八方に光線が出ている。周辺は桜花模様。裏面は古代楯に縦書きで「大東亜戦争」の文字。写真の上段が本物のメダル、下はレプリカ。

※本書に写真を掲載した「従軍記章」は、すべて著者（寺田近雄）のコレクションだったが、平成24年3月22日に靖国神社遊就館へ奉納され、2階特別陳列室で常設展示されている。

「明治三十七・八年従軍記章」――ロシアとの日露戦争の記念章。
「大正三・四年従軍記章」――第一次世界大戦で青島《チンタオ》攻略の陸軍兵、太平洋や地中海に出動した海軍兵に配られた。
「大正三年乃至九年戦役従軍記章」――世界大戦につづくシベリア出兵事変のもの。
「昭和六年乃至九年事変従軍記章」――満州事変といわれた中国東北部の軍閥掃討戦の記念。
「支那事変従軍記章」――昭和一二年に発生した日中戦争は八年間続いたため受章者は最も多く、最後の従軍記章となった。

またこの他に、一九三九年の満州・モンゴル国境のノモンハン事件は、戦力の主力は日本軍であったが、満州国境であった建て前で独立した満州帝国から「国境事変記念章」として発行され、日本軍の将兵に配られた。

最後の第二次世界大戦の太平洋戦争は、最も広い戦場で最も多数の将兵が参加したが、この「大東亜戦争従軍記章」は大阪の造幣局で製造の途中で敗戦を迎え、占領軍に鋳《い》つぶされて幻の従軍記章となった。その原型が残っていたため複製が作られ市販されている。

歴戦の将兵でもその在籍は三〇年ほどだから、日本軍人で多くの従軍記章を胸に飾っても日清戦争から第一次世界大戦まで、あるいはシベリア出兵から支那事変までの数個であろう。

米・英・ソ連などの軍事大国は戦争や事変の数がはるかに多く、階級別や戦功別、陸海空の兵科別、最近では男女別など種類が多く、数十から百種類にのぼり歴史の標本となっている。

この従軍記章は競技会の参加メダルのように、戦争参加者には公平に配られるものだから、これをもらうために戦争に参加する変人もいて、英国には自国の戦争はもちろん、よその国の戦争にまで志願して数十のWAR MEDALを飾っている豪の者もいる。従軍記章コレクターともいうべきであろう。

　戦後、わが国には戦争は起こらず、この従軍記章がないのは民族のために幸福なことである。戦争に行ったおじいちゃんが、冥土の土産に古道具屋で買った従軍記章を胸につけて記念写真を撮ったりしていた。（共）

（↓金鵄勲章6）

将校行李【しょうこうこうり】

軍隊はその建て前を守るために、将校と下士兵との間にはっきりと一線を画して、将校には衣食住をはじめさまざまの特権をあたえていた。**私物**を詰めた大きな行李を持てるのもその一つ。

　兵営のなかでは、下士官兵は個人的な品、私物は枕もとの**手箱**（陸）や**チェスト**（海）に入れておくが、出陣になれば**背嚢**《はいのう》や**雑嚢**《ざつのう》に入れて身につけて持ち運びする。将校は被服も装具も自弁の私物だから量も多く、好みによって木製・革製・布製の大型の容《い》れ物の携帯が許される。これを担ぐのはもちろん兵隊の仕事である。

　兵語辞典によれば「将校が所属征戍《えいじゅ》地外に出張派遣せらるるとき、用品を収容する規定の箱櫃《しょうき》なり」とある。しょうきとは箱と櫃《ひつ》（ふたがついた箱）のこと。ついでに軍用の金を詰めた箱は金櫃《きんき》で、大判・小判が入った千両箱のようなものであろう。

戦争が始まり外征するのも出張派遣だから、将校行李は部隊用品を入れた官物の行李とともに船に積まれて海を渡り、汽車や自動車《トラック》、馬の背で前線へ前線へと運ばれる。第一線では、これらの荷物は後方に置かれて身軽になって戦うわけだが、この兵站《へいたん》が敵に襲われたり部隊が全滅玉砕すると、行李ごと敵に分捕られることになる。

昭和一四（一九三九）年、日本とソビエトが戦った国境紛争のノモンハン事件のときソ連側が撮影した記録映画を見ると、捕獲された兵器や装具の山の中に階級氏名が筆太に書かれた将校行李もあった。ふたは開けられ下着や本とともに儀礼用の服や勲章などがいたいたしく写っていた。戦勝祝賀式に着飾るつもりで最前線にまで持って行ったのだろうか。

全面的な敗戦となって外地の軍隊はふたたび船に乗って復員してきたが、将校のなかには状況の激変を認識できず依然として将校風を吹かし威張りちらす者もいた。憤慨した兵たちはその将校のシンボルのような将校行李を日本海に投げ捨てた。

本人が放り込まれなかったのが唯一の幸いであったろう。（陸）　（↓行李上2・兵站上2）

飾緒【しょくちょ】　しょくしょ、とも発音し、英語でエギュレット（AIGUILETTE）だが、元祖は軍人ファッションの本場フランスであろう。

英和や仏和辞典を引くと、〝軍服の肩から胸に垂《た》らす飾り緒《お》〟〝軍服などの飾りひも〟〝両端に飾りの付いた飾りひも〟から、〝垂れ飾り〟までいろいろあるが、要はナポレオンの肖像などに見る派手な金モールのあれである。

いかめしい髭《ひげ》や、きらめく勲章とともに将軍たちの権威の象徴だったこのエギュレットも、近頃は儀仗隊や音楽隊の若い隊員から、バトンガールのおねえさんまで着けているから少々安手になっている。しかし、半世紀前の陸海軍将校の胸を飾った金銀の緒はまさにエリートの印《しるし》であり、青年将校や士官たちの憧れの的であった。

明治の初めに服制で定められた日本軍人の飾緒には「将官飾緒」「付《つき》武官飾緒」「参謀飾緒」の三つの種類があった。

「将官飾緒」……元帥から大将・中将・少将にいたる将官が儀礼のときに着る正衣（俗に大礼服ともいう）の右肩に吊った、まさに出世のシンボルである。丸打ち金モール製のひもで、一部を右腕に通し二本を前に垂らす。先端の重しの部分には、陸軍は桜花と葉紋、海軍は錨《いかり》と葉紋のレリーフが彫り込んである。まだ日本に細い針金を編み上げる金モールの技術がなかった頃には、これらはみなロンドンやパリからの舶来品であった。

「付武官飾緒」……付武官とは天皇に仕える侍従武官、軍籍にある皇族に従う皇族付武官、日本と合併したあとの韓国の王公族付武官などあり、この場合は仕える貴人・高官たちの居場所を代わりに示す旗印のような性質がある。だから正装はもちろん、通常の軍服にも着けており、デザインは将官の飾緒とほぼ同じだが色が違い、丸打ちの銀モールとなっている。

この付武官の他に、海軍省や軍令部などの海軍の高官のお供をする海軍副官もこの銀モールをぶら下げる。陸軍の副官が着けている副官懸章《けんしょう》が海軍にはないからだろう。

副官懸章は正式には「**高等官衙《かんが》副官懸章**」といい、三条の筋入りの黄色の細帯で、右肩から左腰にたすき掛けにする。ついでにいうと、陸軍にはこのほか、兵営内を見回る週番士官がかける「週番懸章（巡察懸章）」があり、このほうは赤いたすきである。

「参謀飾緒」……俗に**参謀懸章**とも呼ばれ、将官飾緒とほぼ似たデザインの丸打ち金モール。これこそ青年将校たちにとっては憧れのアイテムで、**陸軍大学校**や**海軍大学校**を出てその卒業記章を胸に、この参謀飾緒の「ツナ（綱）」を肩にかけることで未来の将軍・提督が約束された。

参謀の軍服に着けた金モールは、儀式用の将官飾緒や旗印の付武官飾緒とちがって第一線の風雪にさらされ、泥にまみれる戦闘指導者のマークで、参謀懸章のいるところが軍司令部・師団司令部であり、作戦指揮の中枢であった。飾りでもあるがヨーロッパでの実用性のなごりもあり、先端の重りにシャープペンシルが仕込んであったり、地図に書き込む手の支えにもできる。

将官飾緒と同じ丸打ちの金モールとなっていたが、前線では重いうえに、光って狙撃の標的になるので黄色や茶色の絹糸織りとなる。それでも邪魔になるのか、寸法を短くした形ばかりの「**略式飾緒**」も作られている。（共）　（↓参謀上1・天保銭6）

ジョンベラ　妙な言葉だが海軍部内で**水兵服**を指す俗語。語源は明治海軍が英国海軍に範をとったことからイギリス人（ジョン・ブル JOHN BULL）からのなまりだという説もあるが、海軍服装史を研究する柳生悦子氏はこれも俗説だという。

一九世紀の英国の労働者や船乗りたちは、袖をボタン留めして裾をズボンの中に入れる短い労働者のジャンパー（JUMPER）を着ていたが、服も言葉も明治海軍に直輸入されそのまま使われた。明治初期の英和辞典にはJUMPER＝水兵服とはっきり出ている。

その当時の英語は、徳川以来の蘭学の影響で発音がオランダ読みとなり、ジャンパーが、ジョンペルに、やがてジョンブルからジョンベラに転訛《てんか》して海軍八〇年を生き残った。同じような例では洗面器のWASH TUBをオスタップとなまって海軍用語にもなっていた。

明治の海軍では士官のフロックコート型も下士官の詰襟型も同じ英国からの到来物だが、言葉ではジョンベラばかりが残った。四角い襟飾りを背に裾広のパンタロンの英国式水兵服は、現代では例外なく各国の海軍で採用しており、同時になんと女学生のセーラー服として生きつづけている。

はじめ海軍愛好家のビクトリア女王が王女に水兵服を着せたことから各国王室のファッションとなり、さらに児童の通学服となって世界に普及した。

わが国でも明治中期からまず子供服に、つづいて女学生の制服となり、今でも海上自衛隊の隊員と女子高生が同じデザインの上着をなんの違和感もなく着ている。

今ではジョンベラの言葉を知る人も少ないが、海軍士官のホック留め蛇腹《じゃばら》服は防衛大学校の制服に、水兵服は全国の女学生の制服になごりを留めている。歴代皇太子・皇女の通学する学習院初等科の制服が、男女とも日本海軍の伝統を継いでいることに気づく人はあるだろうか。（海）

正衣・正袴【せいい・せいこ】

明治・大正時代の偉い大将たちの写真を見ると、キラキラの刺繍《ししゅう》やモールで飾り立てた黒い礼服の胸いっぱいにあふれるばかりの勲章を吊り、思い思いの髭《ひげ》（くちひげ）・鬚《ひげ》（あごひげ）・髯《ひげ》（ほおひげ）をはやしていかにも威厳に満ちている。

かつてはどこの国でもこの姿が出世や権威の象徴となっていたが、飾りたてた明治の元勲たちの生い立ちが、食うや食わずの下級武士の倅《せがれ》たちだったとは想像もできない。

このごろは、礼装といってもモーニングやタキシードまでで、燕尾服《イブニングコート》やフロックコート姿にはトンとお目にかかれないし、まずはダークスーツに礼装用のネクタイで用をすましている。自衛隊の偉いさんもふつうの制服に儀礼用の肩章と飾緒を着けるぐらいで、胸を飾る勲章もこれまたない。

この礼服は陸海軍の武官や警察官では正衣袴、文官の場合は**大礼服**と呼ばれて、文武百官の服制は官報に図入りで厳密に定められている。

正衣姿の参謀総長・閑院宮載仁親王

手元にある明治四四年、大阪毎日新聞付録の「帝国服制要覧」という色刷りの図版には、陸軍服制・海軍服制・文官大礼服・外交官大礼服・朝鮮総督府服制・台湾総督府文官服制・関東都督府文官服制・税関職員服制・鉄道院職員服制・港務部職員服制・司獄《ごく》官服制・司法官服制・皇居警察官服制・警察官服制・宮内省高等官服制・宮内省高等宮供奉服・有爵者大礼服・非役有位者大礼服

などがズラリと並んでいる。

最後の有爵者は公爵や子爵などの華族、非役有位者は正四位や従六位といった有位者で官途につかない民間人だから身分を表わす礼服といえよう。鉄道院は運輸省の前身で、やがて国鉄からJRに変遷していくが、駅長さんが金ピカの肩章をつけてサーベルを下げる姿はなかなか想像するのは難しい。

さて、話を正衣袴に戻すと、軍人の正装は宮中の行事や観兵式・観艦式・公式晩餐会、そのほか故ある式典や行事に着用し、それに準ずるときには一部省略した礼装や通常礼装となる。ときに正装姿の若い将校の結婚記念写真を見ることがあるから、許可を得て私事に着ることもできたのだろう。

正装は次のようなセットで成り立っている。例によって陸軍はフランスモード、海軍はイギリスモードとなっている。

〔陸軍〕

正帽……金モールの蛇腹を巻いた黒の丸帽。

正衣……襟を金刺繍、袖を金モールで飾り、兵科定色の袖口の黒のダブル上衣。
正袴……兵科定色の側章を付けた黒ズボン。
前立……帽子に立てる紅白の羽毛、将官は駝鳥《だちょう》、佐尉官は鷺《さぎ》の羽根。
正肩章……金モールで編んだ階級章。
飾帯……正衣の腰に巻く赤いサッシュ（帯）。
飾緒……右肩から吊る金モールの織紐《おりひも》。
正刀……儀礼用のサーベル。
正刀帯……正刀を吊る革バンド、飾帯の下にしめる。
正刀緒……正刀に付ける金の飾り紐。
正靴……エナメル靴。
〔海軍〕
正帽……ビロード製の三角帽。仁丹がこれを商標にしたので仁丹帽の俗称がある。
正衣……襟に金刺繍、袖に金の階級章のダブル燕尾服型の黒い上衣。
正袴……金の側章の付いた黒いズボン。
礼衣……フロックコート型の黒い上衣。
礼袴……黒いズボン。
正肩章……金モール、金刺繍の肩の階級章。
飾緒……陸軍に同じ。

正剣……儀礼用の剣。
正剣帯……正剣を吊る黒の革バンド。
正剣緒……正剣に付ける金の飾り紐。
正靴……エナメル靴。

これらの正衣袴の材料は厚手のラシャ地で作られておりズッシリと重い。このうえに肩章・勲章・刀まで一式つけるのだから着る者にはかなりの負担であったろう。

明治四五（一九一二）年七月、明治天皇が亡くなり、数日にわたって御大葬の儀が行なわれた。おりからの猛暑のなかを正装・大礼服姿の文武官がえんえんと天皇の棺を乗せたお羽車《はぐるま》に供奉《ぐぶ》する風景はジットリと汗のにじむ感がする。それかあらぬか、天皇を記念する「明治節」は暑い薨去《こうきょ》の日ではなく秋晴れの十一月三日の誕生日に決まった。

終戦とともに軍人はもちろん文官の服制も廃止となった。正袴はそのままはくことができたが、ぎょうぎょうしい正衣のほうは着るわけにもいかず再生されてベストに変わったり、大学生の角帽に化けたりする。なかには古着屋に売られてチンドン屋の衣装にまで落ちぶれるものもあった。大将の権威などあったものではない。（共）　（→観兵式上1・飾緒6）

善行章【ぜんこうしょう】

陸軍に「入営後、六か月以上経過した**営内居住兵**で品行方正、勤務勉励なることを表彰するもので連隊長より与えられる〝**精勤章**〟」というマークがあった。ウール地の赤い山形線で腕につけ、まあまあ務めきれば任期二年でも一本もらえるから再役志願すれば二本、三本もついていれば在営五年目のベテランとなり一目置かれる。

学校の皆勤賞や会社員の永年勤続賞のようなもので、勲章や昇進のように目立たないが少々手当てもつく。これが海軍にいくと例によって名が変わってこの善行章になる。これも「海軍に入籍してから一定年月の間、勤務精励なる者に付与する」のだから精勤章と変わりはないが、海軍兵の一任期は三年だから陸軍より五割がた、意味が違う。

海に落ちた者を人命救助したり、事故を未然に防いだりした〝奇特の行為をなしたる兵〟にはとくにその功に報いて金の桜章がついた〝**特別善行章**〟が与えられるが、これがほんとうの善行章で次の昇進まちがいない。マークは陸軍と同じウール地の山形線で冬服は赤、夏服は紺、右腕の階級章の上に縫いつけられる。

軍隊は階級絶対主義が建て前だが、精勤章や善行章の数はそれだけ在隊期間が長く、〝飯盒《メンコ》の数が違う〟ベテランだから、先輩・後輩のしるしとしてその本数には敏感となる。

海軍で上限の善行章五本ともなれば在籍一五年だから、階級は下でも経験年数では学校出たての士官や若い下士官も一目置かざるをえない。とくにたびたびの昇進期に〝お茶を引《ひ》いて（昇進できず）〟階級も低く、術科学校に入れなかったために「**特技章**」ももらえず善行章の本数だけがやたらに目立つ兵は、その屈折した心情を察して触らぬ神にたたりなしと敬遠される。

このように兵たちは、階級と善行章に敏感だったからそれにまつわる綽名を発明する。昭和のはじめごろまで、海軍の階級は陸軍と違って四等兵まであったが、成績がかんばしくないつまでも三等兵で足踏みしていると、「特三」、一等兵に進級しそこなって善行章一本の二等兵を「楽長《がくちょう》」、兵科将校にくらべて軍楽科の隊長の進級が遅かったのをもじったらしい。反対に一等兵で善行章のない兵は「オチョーチン」。昔、ランプには傘《かさ》があったが、提灯には傘（山形）がなかったから出たといわれる。善行章二本、つまり六年間を海軍で過ごした兵が「ゼンツー」、五本もつけた主《ぬし》のような兵隊が「洗濯板」で、重なって縦長になった善行章の形から連想された。再役に再役を重ねたものの、進級がままならず腕の洗濯板だけが光って見える。

予科練出身の航空兵や師範学校からの「**短期現役兵**」などは、短い期間で下士官に任官するので善行章なしの階級章だけだが、これが「ボタモチ」、オチョーチン一等兵と同じようにさびしい腕だが、桜の葉に囲まれた兵曹の丸いマークが桜餅に見えたのか、昔のボタモチは桜の葉に包まれていたのかもしれない。いずれにせよ、これらの愛称は明治以来の兵隊仲間のフィーリングを口から口へと伝えてきただけに、由来を詮索するのも野暮なことであろう。太平洋戦争中には、海軍も増員につぐ増員、再役につぐ再役で平時の序列が通用しなくなり、この善行章の制度も廃止された。

会社員の定年が六〇歳まで延びて大学を出てから四〇年近くも勤める現在、もしこの制度があれば、陸軍で精勤章二〇本、海軍で善行章一三本となり、洗濯板どころか小田原提灯《ちょうちん》のように細長くなっているだろう。（海）（→ジョンベラ6・章持ち上4）

短剣【たんけん】

封建制の武家社会から断髪令・廃刀令が出て四民平等の明治となったあとも、武士出身の「刀は武士の魂」の思い入れは少しも変わらず終戦まで一貫してつづいた。

斬撃用の軍刀や、銃に着剣して刺突に使う銃剣はもちろん兵器で大いに**白兵戦**に使われるが、工場で量産され、けっして優美とはいえないこの銃剣でさえ、軍人の魂として手入れはやかましく、外出時には腰に帯びて出かけた。

徴兵制となり、平民出身の若者たちが軍人となり市民軍隊の体裁はととのったものの、銃剣を刀に見立てて軍人即武士の矜恃《きょうじ》をもたせる狙いだった。

形が大事だから兵器を必要としない平時でも刀剣は軍服の重要なアクセサリーとなる、陸軍の指揮刀や海軍の儀礼長剣がそれで、細身で軽く刃もついていない。このほか、兵学校の生徒から海軍大将までのすべての海軍士官と候補生が常に身につけていたのが短剣である。同じように短い片刃の銃剣も短剣なのだが、そうは呼ばれない。

海軍兵学校や機関学校に入校し、初めて軍服に袖を通し短剣を身につけたときの喜びは一生忘れられないというが、これにも「短剣は海軍生徒の魂である。したがって、これを汚すような行動があってはならない」という校長の訓示がついている。

制式は、長さ三〇センチほどで剣身は片刃の鋼製、柄《つか》は黒鮫の革、鞘《さや》は黒革で要所や鍔《つば》は金色金属で飾られる。自由裁量のきく高官ともなると、家伝の短刀を仕込み、高価な白鮫皮の柄に家紋を埋め、鞘は螺鈿《らでん》（貝殻）が散りばめられて、まさしく美術品であった。

重い長刀を吊り地味なカーキ色の軍服の陸軍将校にくらべて、冬は紺、夏は純白の詰襟服に軽やかに短剣を下げた海軍士官の颯爽とした姿は「海軍さんはスマート」のイメージをつくりあげた。階級章と短剣がなければボーイ姿となるから、やはり大切なのはワンポイントチャームであろう。

実用的には剣としては身幅が足りず、戦闘にはもちろん自決用としても不向きだから、武士の魂で〝鉛筆を削った〟〝リンゴの皮をむいた〟といった締まらないエピソードも残っている。

戦争末期の海軍士官の量産時代になると、製造が追いつかず剣身はステンレス、柄はセルロイド、鞘は布張りといった具合になり、ついには外見だけで中身は竹光《たけみつ》という粗悪品まで出てくる。

武士の魂の思い入れは最後の最後まで残り、特攻隊のパイロットたちは短剣を基地に残し、実戦用の軍刀を愛機に持ち込んで飛び立っていった。合理的にいえば、狭いコックピットに長い軍刀は邪魔だろうし、不時着時の斬り込み用としても大して役に立つとも思えない。理外の理だったのだろう。

第二次世界大戦でコックピットに軍刀を持ち込んだのは日本軍だけにちがいない。（海）

（↓牛蒡剣5・軍刀5）

ようするにタマ入れのことで、略して**薬盒**。英語でAMMUNITION POUCHとつづる。

弾薬盒【だんやくごう】

日本軍が最も多く使った**三八式歩兵銃**、**九九式短小銃**では、牛革の**帯革**に差した前の二個の前盒に三〇発ずつ、後の後盒に六〇発で一二〇発、それに背嚢の中の予備弾も入れると二〇〇発となり、かなりの重量となる。

食うものも食わず戦闘と行軍に疲れ果てた兵隊が、命の次に大切な弾薬を上官の目を盗んで捨てるのも無理のないことかもしれない。

手動の三八式小銃に対して、敵の米軍のM1ライフルは半自動銃で発射数もはるかに多いはずだが、個人の携行弾は八〇発と少なかった。

補給に絶対の自信があったためであろうが、小柄で非力な日本兵の負担のほうが大きかったことになる。

ところでこの言葉には一つの疑問が残る。辞書では「盒」は皿や鉢《はち》のこと、あるいは

戦闘中の日本軍兵士。腰の帯革につけている小箱が弾薬盒

フタのある鉢、組み合わせて作った容器などとあるが弾薬盒の熟語はない。

発音もコウであり旧仮名ではカフと書く。正式の名称は「ダンヤクゴウ」だが、兵隊は「ダンヤッコウ」となまったり、単に「ヤクゴウ」と呼んだ。

わが国における小銃の出現はすでに四百年前の火縄銃・種子島からあり、当然その付属品にも日本的な名称が存在していた。

初期の弾薬はタマと発射薬と着火薬が別々だったから、その容れ物も別々に「火薬入れ」「口火入れ」「玉入れ」とわかりやすく名づけられている。

やがて速射のために弾丸と火薬が一つの袋に入った「早合《はやごう》」という名の弾薬がうまれると、それを「胴乱《どうらん》」という名の皮革のケースに収めた。これがタマ入れであり後の弾薬盒である。

いまでも昆虫採集などに使う円筒型のケースを胴乱というが、またの名を「銃卵《じゅうらん》」「筒《とう》卵《らん》」ともいい、弾薬の他にも傷薬や煙草・小銭なども入る万能ショルダーバッグ、あるいはポシェットである。字のとおり卵型をしたものもある。

このような以前からの言葉がありながら、なぜ明治建軍期に新しい言葉を創り出したのだろうかというのがこの謎である。

盒を使った語句は、この弾薬盒の他に飯盒《はんごう》ぐらいしかなく、今でも山登りなどに使って常用漢字で「飯合」に生まれ代わっている。

日本海軍のほうはそんなめんどうくさい造語は行なわず、昔の胴乱をそのまま用いていた。

兵器の発達とともに、その名称はさらに複雑となって、大型の弾薬箱は弾薬匣《だんやくこう》、軽機関銃のタマ入れは**弾倉**、銃機関銃の弾薬板は**保弾板**、騎兵が肩からかける布製のものは**弾帯**と次々に新語を創り出していく。いずれも正体は同じタマ入れである。わかりやすい言葉をわざわざ難しくして無学な兵隊を悩ます悪癖・権威主義のようなものが明治陸軍にあったことは否めない。

さすがに昭和に入ると教範類の説明も簡単な「弾入れ」となった。長く実戦を戦ってきた軍隊経験者のなかには、いまだにダンヤクゴウの漢字を知らない人が多いにちがいない。

（共）　　　　　　　　　　　　　　　　　　　　　　　　　　　　（→陸式8）

鉄兜【てっかぶと】

　中世以後、洋の東西を問わず頭を守るかぶとは鉄製だから、鉄かぶとでは〝馬から落ちて落馬した〟と同じ重複語となる。

もともと鉄製のかぶとは刀槍の斬り合いや飛んでくる矢から頭を防ぐものだが、やがて銃器の発達につれて重い甲冑を着ていては動きが鈍く、よい標的になるばかりで戦術も運動戦となり、軍装もそれにつれて軽快になってきた。

よろい・かぶとは時代遅れとなり、古道具屋にくすぶる運命となる。

大正三（一九一四）年、第一次世界大戦が始まると弾薬の破壊力は強力となり、ふたたびその破片やふりそそぐ土砂から頭を守る必要が出てきた。これが近代の鉄かぶとであり、その条件は銃の直撃貫通は止むを得ないが流弾や土砂には耐えられる強さ、量産がきく鉄製で重さ一キロ程度のものとされた。

材質や硬度、デザインなどはお国ぶりに合わせて各国軍独特の型となったが、性能は大同小異である。ドイツ語でHELMET、英語では他の防暑用ヘルメットなどと区別して、STEEL HELMET、フランス語ではかぶとと同じCASQUEという。

それまで鉄かぶとのなかった日本軍でも世界大戦の戦訓をふまえて、さまざまの試作品を作り出した。この段階で仮の名称を鉄兜または鉄甲と呼んでいたが、試行錯誤の末にようやく昭和五（一九三〇）年、はじめての国産第一号を作り出した。

制式名は**九〇式鉄帽**で、これより鉄かぶとは俗称となる。

海上戦闘を仕事とする海軍は鉄帽の開発に熱意が薄く、昭和七（一九三二）年の第一次上海事変の**陸戦隊**などはイギリス軍の鉄帽を輸入して装備している。（共）

天保銭【てんぽうせん】　**陸軍大学校**の卒業記章の俗称。陸大は陸軍士官学校の上級校で、明治一六（一八八三）年の開校から終戦の閉校までに六〇期約三千人が卒業している。

全陸軍の優秀な若手将校から厳重な試験で選抜され、平時には一期わずかに六人といった超エリートコースで、ここを出れば連隊長・参謀はもちろん、将来、将軍の椅子まで約束される陸軍将校の憧れの的であった。

その卒業生がもらえる記章は、縦五センチ、横四センチほどの銀製、楕円形のバッジで、中央の金星から菊の弁が四方に走る優美なデザインをしており、その形や大きさが、天保六

（一八三五）年に徳川幕府が発行した百文銭の天保通宝に似ているところからこの名がついた。

陸大の卒業生はその出身を誇りとし、その存在を周囲に示すために平時はもちろん戦地までこのバッジを服につけて誇示した。同じ連隊長・師団長でも、この天保銭の有る無しでは部下のウケがまったく違ったのも事実である。

エリートの常として、卒業生の中にはこの記章をかさに着て高慢な態度に出て部下の信望を失う者もあり、一方には卒業生だけで学閥をつくって組織を乱す者も出てきた。

陸大が受けられなかったり、試験に落ちた将校たちは天保銭のない**無天組**と呼ばれ、天保組と無天組の対立にいたっては戦争に勝てない。

この弊害が大きくなってきた昭和一一年、陸軍省は陸大卒業記章の軍服への着用を遠慮するよう通達を出した。陸軍省の中にも天保銭は多いから廃止ではなく、遠慮とした。

そのため急に胸元の淋しくなった将軍たちには従来の金星・菊花に桜葉の飾りをつけた同寸法の**隊長章**というバッジを作って天保銭の穴を埋めた。この隊長章にも将官用・佐官用・尉官用と少しずつ違った図案の三種があり、ますます複雑となった。

笑い話だが陸軍ではパイロット養成学校

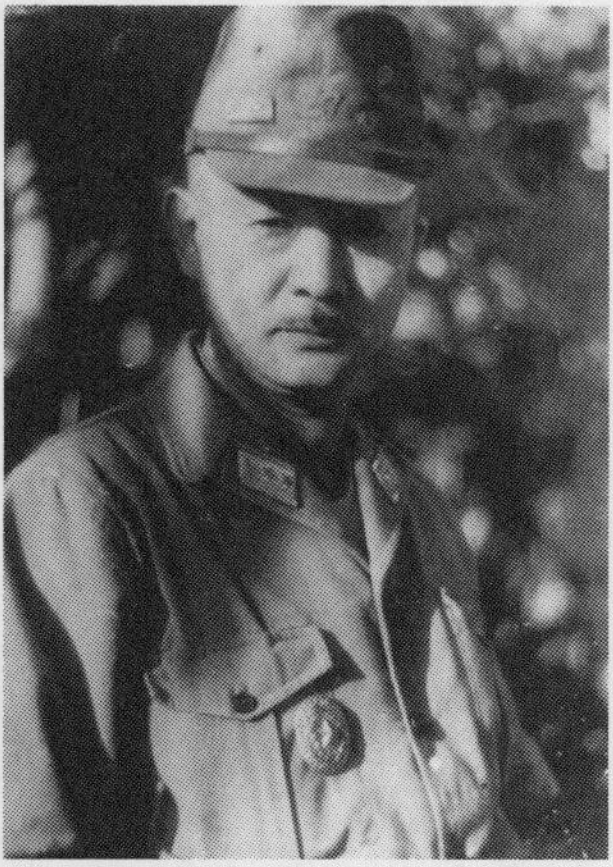

胸に「天保銭」をつけた栗林忠道中将

の卒業生には「陸軍飛行操縦術修得記章」というのがあり、そのデザインが陸大記章に翼とプロペラがついた天保銭そっくりなものであったため、陸軍飛行学校が所沢にあったところから**ところ（所）天**と呼ばれていた。

学歴偏重の官庁・企業で学閥横行の現代でも、さすが卒業記念章をつけるようなバカはいないが、目に見えない天保銭は生きている。（陸）

七つボタン【ななつぼたん】

海軍が**予科練生**（**甲種飛行予科練習生**）の募集PR映画として、昭和一八（一九四三）年につくった『若鷲の歌』のテーマソング、別名『予科練の歌』はまたたく間に日本中で歌われるようになった。民間の国民歌謡から軍隊の準軍歌に昇格して航空隊の軍歌演習でも歌われるようになったが、歌詞の第一節に出てくる〝七つ釦《ボタン》は桜に錨《いかり》〟が予科練の代名詞にもなった。

その制服は冬は紺、夏は白の詰襟服で、当時の学生服や下士官の制服と同じだが、襟元に桜に翼のマークがつき金ボタンの並んだスマートな短ジャケットで、これに憧れて熱烈志願した少年たちも多い。

海軍省の知恵者が考え出した映画とレコードと粋なユニフォームの組み合わせは大成功し、約一五万人の甲種予科練生を獲得した。だが、この七つボタンはこの予科練が初めてのことではない。のちには軍服のボタンは学生服と同じ五つボタンが大勢を占めるが、軍服史を見ると明治のころの軍服はボタン数が多い。

明治三（一八七〇）年に初めて制定された陸海軍の下士官兵の軍服は、九つボタン一列でこれがしばらくの間つづく。海軍士官はフロックコート型のダブルで二列一八個のボタンとなり、礼服ともなると燕尾服型で左右一〇個ずつ二〇ボタンとなる。ボタンの多いのは当時の風潮で、きちんと着装できるとともに軍人の威厳も表現している。

余談であるが、当時の士官の軍服の金ボタンの裏を見ると、パリ製など外国メーカーの名が刻まれている。まだまだ精巧な模様入り金ボタンを量産する技術は日本になく、輸入にたよっていたのだろう。

七つボタンは早くも明治六（一八七三）年制定の海兵隊（のち海軍陸戦隊）の下士官兵の詰襟服に出てくる。このあと次つぎと制服が変わって、陸軍将校は肋骨服から五つボタン、海軍士官の冬服は蛇腹服、その夏服と陸軍下士官兵、海軍下士官は五つボタン、海軍兵は水兵服（ジョンベラ）となって定着する。

明治の海兵隊はやがて海軍陸戦隊に吸収されて姿を消したが、その六〇年後にふたたび復活して、七つボタンの短衣は海軍軍楽兵や兵学校などの海軍生徒の夏服に再登場する。軍楽兵は海軍ブラスバンドを演奏する派手な存在であり、海軍生徒は全国の軍国少年たちの憧れの的となっ

予科練生の七つボタンの制服

ており、海軍省の知恵者はこれに目をつけて七つボタンを予科練の制服に採用した。

予科練習生は**飛行練習生**になる前の生徒であり、卒業して下士官に任官するまでは兵の身分だから、それまでは一般の海軍兵と同じ水兵服を着ていた。これでは少年たちの夢に応えられないので、七つボタンで足が長く見える短ジャケットにしてポスターで宣伝した。

夏の日、遠くから見れば、海兵生徒のようにも見えるが、近づけば生徒にある大きな肩章も腰の短剣もなく、階級の差がはっきりする。戦争も末期となり空襲が激しくなると、白の夏服は目立つために緑色に染めて七つボタンも国防色になった。（海）

（→予科練上4・ジョンベラ6・陸戦隊2・国防色6）

認識票【にんしきひょう】 麻ひもで首からぶら下げる真鍮《しんちゅう》製小判型のネームプレート。将校は部隊名と氏名、兵隊は中隊番号と認識番号（兵籍番号）が刻印されている。犬の首輪にも似ているところから、英語でDOG TAGという。

用途は戦死者や重傷者の氏名の確認である。悲惨な戦場では砲弾で首のない死体や、顔が変形した身許《みもと》の確認できない死体が出、**野戦病院**に担ぎ込まれても口のきけない重傷者があふれる。それらの確認のための札で、氏名票といわず認識票というのもそのためである。

急迫した戦場では戦死体の火葬や埋葬をするゆとりもなく、この認識票だけをはずして後日の証明とする。除隊するか戦死するまでは首からはずせない票でもある。

アメリカに行くと、退役軍人の会などで手柄顔にドイツ兵や日本兵の認識票の束を自慢して見せる者もいる。その数が彼が射殺した敵の数というわけだが、譲らないかと尋ねると、ほしければ自分を殺して取れと答えた。いわば命のシンボルともいえよう。（陸）

被甲【ひこう】　まったく内容の異なる二つの意味があり、①外側を金属で包むこと、②ガスマスクのこと、とある。被はかぶる・まとう、甲はヨロイのことと辞書にあるので被甲は甲冑の着用を意味するはずだが、日本軍では**被甲弾**と**ガスマスク**の意味に使っている。

兵器に鋼のような硬い金属をかぶせるのは一般には**装甲**であり、装甲艦や装甲列車のような古い言葉から装甲戦闘車のように現用語もある。この装甲を貫徹（貫通）する弾丸は、古くは**破甲弾**であり現在は**徹甲弾**という。

一九世紀の終わりに、イギリス軍が弾頭の鉛芯を柔らかくして傷を重くする**ダムダム弾**を発明使用したが、その傷口があまりに残酷なため、一八九九年のハーグ陸戦条約で厳禁された。そのため全身を銅や白銅、ニッケルでおおって滑らかにした弾種が生まれ、これが被甲弾である。フルメタル・ジャケット（FULL METAL JACKET）で戦争映画の題名にもなった。

②の由来はもっと興味深い。毒ガスがはじめて戦場に現われたのは一九一五年五月、第一次世界大戦のイープル西部戦線でドイツ軍が使用した。ガスマスクはまだ発明されていなかったから、一回の使用で二万人の中毒死傷者を出す大惨事となり、今の核兵器のようなショ

ックをまき起こした。

そのため、この兵器も戦後の陸戦条約改正の際に開発・使用が禁止されたが、これで解決したわけではない。ひとたび国の生死存亡をかけた大戦に突入すると条約などなんの歯止めにもならず、まして陸戦条約に加盟していない国は世界に数多くある。最近では湾岸戦争のイラクがそれであり、開戦前からガス使用が予想され懸念されていた。

したがって、近代各国軍ともガスの開発には消極的であっても、その防御策や用具の開発には手をゆるめてはいない。日本軍も条約の加盟国ではあったが、瀬戸内海の大久野島に工場を、神奈川の登戸に研究所をつくって各種のガスをつくり、同時にガスマスク・防毒衣・手袋・足袋《たび》などを考案していった。

毒ガスは極秘兵器だから、当然その防御用具や被服も秘密兵器となる。防御具の性能がわかれば、それを上回るガスが作られるからだ。そのため、ガスマスクも最初は被服の分野でなく兵器の分野に入れられて、戦場からは手早く戦死者のマスクは回収された。

最初のガスマスクが誕生したとき、そのまま名づけるわけにいかず、名づけられたのがこの被甲である。正しくは「**被服甲**」であるが、これだけでは何の被服かわからない。当時、戦場には馬も犬も登場して、想定されたガス戦に臨むわけだから動物用のガスマスクも生まれ、軍用馬用が被乙、軍用犬用が被丙となった。

昭和に入って、軍服や帽子と同じ被服類となり、「**防毒面**」という正式名称がつけられた。そして陸軍の一式・九三式、海軍の二式防毒面などが次々に生まれて被甲の名は消えた。

一般に防毒マスク、ガスマスクなども使われたが、これは俗称で最近は「防護マスク」ともいわれる。（陸）

兵科色【へいかしょく】

軍服は昔から男のダンディズムの象徴で、緋縅《ひおどし》の甲冑や中世騎士の美しいファッションはその見本となった。

自衛隊にも礼服があり、ふだんは用がないのでたいてい借衣装ですませているが、そのパンフレットにも〝古来、軍服は各国とも男子のファッションの手本とされ……〟などとある。軍服の美しさは、その生地やデザイン・色彩などに加えて、それを飾る色とりどりの勲章・記章、略綬《りゃくじゅ》・飾帯《しょくたい》、階級章・職位章・兵科章などで仕上がり、勇ましく偉そうに見えてくる。

市ヶ谷の極東国際軍事裁判で、かつて一世を風靡《ふうび》した将軍や提督が戦争犯罪人として次々に引き出されたが、いずれもすべてのアクセサリーをはずし、階級章まで取り去った何もない軍服姿で、ただの年老いた老人にしか見えなかった。

兵科色とはこの軍服に縫いつけた兵科章の色のことで、各兵科によって法規で定めた色が使われているため「**定色**《ていしょく》」とも呼ばれた。

陸軍の兵科章は、明治時代は肩、明治後期から昭和初期までは襟、昭和一五年までは胸につけた布で（兵科廃止、各部は残る）、それぞれ肩章・襟章・胸章である。

肩章は横長の短冊《たんざく》形で連隊番号が入る。襟章は立襟服のホックの外側に、かぶとの鍬形《くわがた》の切り目を形どった日本的なデザイン。胸章は陸軍のマークである横二つ山形のデザインで、それぞれウール。生地の色が兵科定色で定められている。

建軍以来、定色は何回か改正されたが、最後に落ち着いたカラーは次のとおりである。ただ陸軍服制での呼び名はわが国古来の色調であり、色合いも伝統的なもので現在の色とは若干の違いがある。

憲兵〈黒〉厳然たる権威の象徴。
歩兵〈緋〉黄味がかった赤。血の忠誠と情熱。
騎兵〈萌黄《もえぎ》〉黄みどり。馬の疾走する草原。
砲兵〈山吹〉赤味がかった茜《あかね》色。黄色火薬の色。
工兵〈鳶《とび》〉土色。大地を表現。
輜重兵〈藍《あい》〉濃い青。意味不明。
航空兵〈空《そら》いろ〉青空。

これらの兵科の他に、非戦闘職種として各部があり、これにも部色があった。

経理部〈銀茶〉灰色がかった茶。
衛生部〈新緑〉ダークグリーン。
獣医部〈紫〉
軍楽部〈群青《ぐんじょう》〉
法務部〈白〉

これらの各部の定色の意味は不明のままだが、多分、便宜上決められた色であろう。航空兵が時代の寵児としてチヤホヤされた戦時中に、似た定色でまちがえられた軍楽兵がおおいにもてた話もある。

一方、海軍の走色は細いカラーの「**各科識別線**」が准士官以上の階級章と帽子の鉢巻に、色別の七宝の桜が下士官兵の階級章に入っている。ただ砲術・水雷・航海といった一般兵科にはこの定色がない。

兵科　なし
機関科〈紫〉
整備科〈緑〉
軍医科・薬剤科〈赤〉
主計科〈白〉
造船造機科〈鳶〉
造兵科〈えび茶〉
水路科〈青〉
軍楽科〈藍〉
航空科〈青〉

陸軍と違うから陸軍で花形兵科の歩兵の色が軍医科で〝**赤チン**〟と呼ばれて軽視されたり、水路と航空が同じためトラブルが起きたりする。

その後、昭和一五年には、防諜のうえから、軍服から定色が消え去って各兵科とも区別がつかなくなる。歩兵の赤い襟の兵科色から、〽万朶《ばんだ》（満開の花びら）の桜か襟の色……という歩兵をたたえる軍歌があったが、それが何の意味かわからずに歌っている歩兵も出てきた。（陸）

（↓歩兵上2）

ペンネント

英語のPENNANTはPENDANTとともにイギリス海軍では**軍艦旗**、三角形の**信号旗**、短い綱などを指す用語。本来はペナントだが、これを受けついだ日本海軍のなかでいつのまにか訛《なま》ってしまった。

耳で覚えた言葉だから日本訛りとなり、帆布（CANVASS）がカンバス、手箱（CHEST）が**チェスト**となり、民間でも切符（TICKET）のテケツ、駅（STATION）のステンショなどその例は多い。優勝旗争いのペナントレースなどは訛らずに生きている例である。

ここであげるペンネントは三角旗のことではなく、海軍兵の服装の呼び名である。陸軍の服装が時代や戦闘法の変化につれてめまぐるしく変わっていったのにくらべて、海軍兵の服は世界各国とも伝統的に冬は紺、夏は白の**セーラー服**と相場が決まっていた。

つばのない平らな型の水兵帽の鉢巻《はちまき》には所属隊や艦名を記したリボン、つまりペンネントが巻いてある。開襟のゆったりとした上衣はボタン数が少なく、背中に四角く青い大きな襟《えり》飾《かざり》がついている。ズボンも裾の広がった俗にラッパズボンと呼ばれるパンタロンで、簡単に前をはずして脱げるようになっている。

いずれも帆船以来の船乗り特有の実用性をもたせたもので、つばのない軽い帽子はマスト登りなどの作業の邪魔にならないように、大きな襟飾は立てて遠くからの風に流されやすい号令を受け止めるために、広い裾はまくり上げやすいために、ゆったりした脱ぎやすい上衣とズボンは海に落ちたときにすぐ脱げるための機能的なデザインである。

やがて軍艦の機能が複雑になってくると、さすがにこれでは不便で戦闘や作業用にはもっと単純な作業服や**事業服**を着るようになった。一方、伝統的な水兵服は外出や儀式のときに着る他所《よそ》行きのウェアとなった。

現在、海上自衛隊の海士たちの服も襟の白線が旧海軍の一本に対して二本、袖口をホックで留めるなど小さな違いはあるが、全体の外形は同じで旭日の自衛艦旗とともに帝国海軍を伝承している。

明治の**国民皆兵**の時代に大学生や中学生は陸軍の詰襟服、女学生は海軍の水兵服を制服にとり入れた。戦後は詰襟のほうははやらなくなり、大学では応援団の制服のようになってしまった。しかし、女生徒のセーラー服はまだまだ生きつづけて、ロリコンおじさんの憧れの地位を維持し「ブルセラショップ」などという奇怪な商売ま

「大日本軍艦夕張」のペンネントを帽子に巻いた水兵

で出現した。

さて、この帽子のペンネントだが、布は黒の八丈織で隊名・艦名の文字と錨印が書かれている。明治・大正時代には儀礼用として金糸で縫ったものもあったが、やがて姿を消して金《きん》箔《ぱく》押しのプリントとなった。隊に属するものは、「横須賀海兵団」「土浦航空隊」といった団体名が入り、艦隊勤務のものは乗艦する「戦艦長門」「巡洋艦高尾」といった艦名が入る。駆逐艦や潜水艦は艦名がなく、「第一水雷戦隊」とか「第二潜水戦隊」といった属する戦隊名となる。このへんは各国海軍も同じようなもので、英海軍は艦名の頭にH. M. S = HER MAJESTY SHIP（女王陛下の軍艦）、米海軍はU. S. S = UNITED STATES SHIP（合衆国軍艦）の略字をつけている。

戦時下になると、隊名や艦名が外に知られてはまずいのでペンネントからは消え、すべてが「大日本帝国海軍」で統一された。金糸はもちろん金箔なども底をついて黄色の染料の印刷となってしまった。

海軍創設期から愛用されていたペンネントの呼び名はいつの頃からか正式名称が**軍帽前章**に変わっている。日露戦争で連合艦隊の参謀として名を馳《は》せた秋山真之は戦後、海軍大学校の教官となったが、日本海海戦で大勝利を得たためか民族主義に傾いて、それまで海軍で使っていた英語の用語を、たとえばブリッジを艦橋、デッキを甲板《かんぱん》という具合にどんどん日本語に替えていった。

ペンネントを前章に替えたのが秋山かどうか事実のほどは明らかではないが、陸軍将校の象徴としてのグルメットとともに水兵のペンネントにはどこか明治時代のハイカラ調の響きが聞こえる。（海）　（→ジョンベラ6・えんかん服6・グルメット6）

繃帯包【ほうたいつつみ】　「ほうたいほう」ともいう。傷口に巻いて保護する繃帯は、このごろでは包帯だから「包帯包」となり、タケヤブヤケタのように回文めいてきた。

軍隊では戦場に出るとタマに当たって負傷することを前提にしているから、兵隊一人ひとりに持たせる応急治療セットがこれで、英語で「FIRST AID KIT」。中身はガーゼや油紙・繃帯を小さくひとまとめにして国防色の三角巾《きん》で包んだもので、表に使い方が印刷されている。負傷したときはこれを取り出して、自分自身が重傷のときには戦友の手で応急処置をし、後方の野戦繃帯所か軍医のいる野戦病院まで後退する。

軍服の上衣の左ポケットに入れることに定められており、繃帯は戦場では兵器・弾薬についで大事なものだから、新兵の教育書にも「物入れ《ポケット》は弾薬や繃帯包を入れるところだから、煙草やキャラメルなどを入れてはいかん」と注意している。

戦時中、陸海軍の病院に皇后が行啓し、あるいは侍従を差しつかわして戦傷の将校を見舞うことがあり、そのとき、病床に繃帯包が贈られた。同じ繃帯包でも純白のさらしや綿の大きな繃帯の包みで、包み紙には**菊の御紋章**や「賜」の一字があり、明治以来かしこくも皇后陛下お手巻きの繃帯といった伝承をもったありがたい見舞い品であった。純朴な兵士の中に

はこの御下賜に感涙にむせび、もったいなくて手をつけられぬまま、息を引き取った忠義者もいた。（共）（→認識票6）

帽垂れ【ぼうだれ】　第一次世界大戦以後、兵士たちが鉄帽をかぶるようになると、堅いひさしのある軍帽の上からかぶれないので、各国とも柔らかい布の**略帽**を使うようになる。

日本軍でも褐色ラシャ地の俗に**戦闘帽**と呼ばれた略帽を鉄帽の下にかぶって中国大陸を駆け回っていたが、戦線が亜熱帯の中国南部から熱帯の東南アジアに移ると、略帽のうしろに四角い三、四枚の布片を縫いつけて帽垂れと称した。

その目的は熱い直射日光から後頭部と首筋の日焼けを防ぎ、風が吹けばヒラヒラとなびいて涼風効果を出す。少しは防寒や雨よけともなり、切り取ってハンカチ代わりや止血帯ともなる。

帽垂れ付き略帽に革脚絆を身につけた陸軍少尉（撮影・喜田原星朗）

高温多湿の日本ではこの帽垂れは伝統的なもので、戦国時代の足軽のかぶる陣笠《じんがさ》にも帽垂れがあり、日露戦争でも夏は正式の帽垂れをつけている。

外国ではフランスの外人部隊などがこれをつけているが、これは例外で多くは専用の防暑ヘルメットをかぶって熱帯地戦闘を戦った。

日本軍の影響か否か不明だが、戦後は多くの国が日本式の帽垂れのついた略帽を採用している。

外国の映画に出てくる日本兵はみなこれをつけており、よほど印象が強烈だったらしい。（陸）

巻脚絆【まききゃはん】

戦争を知らない若者たちにとっては、半世紀前の昭和初期も、それよりはるか昔の室町・徳川時代も未知の時代ということでは同じことであるかもしれない。

東海道上り下りの旅人たちが、旅行服として身につけた手甲《てっこう》・脚絆《きゃはん》の言葉が、そのまま明治以後八〇年間も軍隊の中で使われていたこともあながち奇異とも思わないであろう。

明治建軍の当事者たちは、西欧各国から必死になってハードとソフトの文物を輸入するかたわら、次々と新しい軍隊用語を創り出していった。

はじめのころ、お傭い外国人が話す言葉は陸軍ではオランダ語とフランス語、海軍では英語をそのまま仮名書きし、ときには和製当て字をして使っていた。柴五郎大将が少年時代に学んだ初期の**幼年学校**などは教科書や号令はもちろんのこと、授業から日常会話までフランス語を使い、試験も「ルイ王朝の業績」とか「フランス田園都市の地理」とかが出題されていたという。

建軍の基礎が固まり、明治一〇（一八七七）年の西南戦争を最後として世の中が落ち着くと、ナショナリズムの高揚もあって、次々と外来用語に代わる新しい軍事用語が生み出されていった。

社会全般にわたって改革に突進したあわただしい時代だったので、なかには珍訳や意味不明の兵語なども飛び出してくる。

造語者が漢文の素養のある旧武士階級にかぎられていたから、読むのに苦労する難しい漢字・漢語を組み合わせた言葉を創り出した。ときには、政府と軍隊の威信を示すためか、わざわざ角ばった語感のものを選んでいるふしもある。

一例をあげれば、物をとめるスクリュー（SCREW）は、もともと日本にはなくヨーロッパからの輸入品であるが、すでにネジという言葉が生まれ町で使われていた。これでは権威に欠けるというので難しい「螺子《らし》」という漢語を採用している。

しかし、なかには以前から使われていた文物についてはそのまま使われる言葉もあり、とくに服装用語にそれが多く見られる。ジャケットとズボンは文明開化の産物で、いずれも輸入されたものだが、軍隊では依然として衣《い》・袴《こ》であり、靴下は足袋《たび》、ベルトは帯《おび》、シャツは襦袢《じゅばん》といった調子で、聞いただけでは和服のイメージとなる。巻脚絆という言葉はその好例であろう。

『広辞苑』によると、「脚絆＝旅行する時に歩きやすくするために脛《すね》にまとう布、はばき」とある。紺や黒の布に、真鍮のこはぜの留め金をつけて地下足袋と組み合わせたこの脚絆は、旅行だけでなく、山登りやハイキング、職人などの作業服として戦前は日本中どこにでも見られるものであった。

維新当時は、官軍・幕府軍ともに筒袖《つつそで》・段袋《だんぶくろ》（ズボン）の洋服姿となり、足回りもわらじから革靴となった。しかし、明治四年、六年、一九年と次々と変わっていった陸軍の服制改正の中で、この脚絆姿だけは生き残っていった。ただ色は紺や黒から白となり、こはぜの代わりにたくさん並んだフックにひもをかける洋式となった。今でいえばスパッツ（SPATS）である。

このスタイルで日清戦争・日露戦争を戦い、旅順戦中により実戦的な服装に改良され、軍服は黒色から迷彩効果のあるカーキ色に、脚絆はスパッツから欧米各国がすでに採用していた「ゲートル」を採用した。

ゲートル（GUETRE）はフランス語で、英語ではパティ（PUTTEE）なのだが、ゲートルのほうがなじまれて使われている。このときに従来の脚絆とは別に巻脚絆という新造語が生まれたのである。

巻脚絆は幅八センチ長さ二メートル弱の羅紗《らしゃ》（ウール）製、緑色の布を決められた様式で両足に巻きつけ、端の細ひもで膝下《ひざした》で留めるもので、鉄帽などとともに兵士たちの戦闘服装の一つであった。

一方、将校や乗馬兵たちは革製の長靴のままであったが、乗馬にはともかく、地上を駆け回る戦場では手入れもたいへん、着脱も面倒、第一にゴツゴツとかさばるので、牛や馬の皮革で作った革製の尾錠で留める脚絆が使われるようになった。布製の巻脚絆に対して**革脚絆**となる。

形も大小さまざま、色も茶・黒とある。私物であるから将校も下士官もゲートル・革脚絆を好みのままに用いたが、私物の着用を許されない兵士たちは、この革脚絆をつけることは許されていない。

軍刀や双眼鏡といった将校特有の服装は戦場では狙撃の的となりやすく、長靴も識別の目印となったから第一線の下級将校は保身のため兵服をまといゲートルを身につける者も多かった。

この伝統的な脚絆・巻脚絆・革脚絆も時代のファッションの変化とともに姿を消していき、それとともに言葉も風化して、「巻脚絆とは何だ」「ゲートルのことさ」「ゲートルとは何だ」といった不毛の会話も生まれてくる。（共）　（↓私物7）

7. 生　活

員数（共）
衛戍（陸）
営内靴（陸）
燕口袋（陸）
厠（共）
甲板洗い（海）
乾麵麭（共）
ガンルーム（海）
空襲警報（民）
後発航期（海）
私物（共）
重営倉（陸）
酒保（共）
上番・下番（陸）
上陸（海）
初年兵（陸）
ストッパー（海）
精神棒（海）
戦友（共）
脱柵（陸）
煙草盆（海）
吊床（海）
点呼（共）
内務班（陸）
廃兵（民）
びんた（共）
物干場（陸）
兵営（陸）
兵隊（共）
満期操典（陸）
めんこ（共）
レッコー（海）

員数【いんずう】 人員の員に数量の数で、員は兵員の、数は兵器や被服・弾薬・食糧の数量を表わす。戦争や軍隊は、結局は数がものをいう世界だから、員数が常日頃からキチンと整理把握されていることが大事で、今でいう数量管理が徹底していた。

ただし、この数量管理は建て前上の、ときには書類上のことだから、その品質や出所についてはあまりうるさくはない。ここに人間の知恵を働かせ、機転をきかせる余地がある。兵員は朝晩二回の点呼で、物品は時おりの**内務検査**や大規模な**兵器検査**で定数に合っているかどうかをチェックするわけで、員数が合った、合わないという話になる。内務検査などは兵の油断を見すまして抜き打ちで行なうが、被服検査や兵器検査は予告期間もあるので、事前に員数が合わないときは、あらゆる手段で「員数合わせ」をすることになる。

兵器係や被服係の古参兵に頼みこんで調達することもあり、外出兵に頼んで営門前の「軍隊屋」から買ってくることもあるが、大部分の調達手段は倉庫や他の中隊や班から盗んでくることである。兵器の員数合わせは厄介《やっかい》だが、シャツやズボン下は物干場《ぶっかんば》にかかっている洗濯物から、帽子や手袋は酒保《しゅほ》で油断を見すまして盗み、靴やスリッパなど**営内靴**は風呂場にあるヤツをかすめてきて大急ぎで墨で持ち主の名前を書き変える。完全な泥棒だが、員数が合わないよりマシだから班長も古兵も見て見ぬふりをしている。

これが員数合わせで、「員数をつける」という動詞にもなる。世間では「やりくり」だが、軍隊では「さしくり」となる。長州あたりの方言であろうか。日本海軍でもこの点は同類だが、少しばかりシャレて銀蝿《ぎんばい》という言葉を使い、ときには古兵が新兵に「烹炊場《ほうすい》（炊事場）で酒を銀蝿してこい」と命じたりした。蝿《はえ》（蝿）が食物にたかる形容を使ったのであろう。（共）　（↓銃口蓋5）

衛戍【えいじゅ】　衛は守る、戍は武器を持って守るという兵語だが、何やら古色蒼然としていて昭和時代まで日本陸軍で大いに使われていたとは思えない。だいたい、戍は十二支のイヌ（戌）の字に似ているが、三画目が横一と点と違っており、点もない戊《ぼ》とともよくまちがえられる。

中国からの外来語で、他にも国境守備隊を表わす「戍甲」やその旗や展望台の「戍旗」や「戍樓《じゆろう》」もある。中国の古書『南海古蹟記』には戍衛とあるが、同じく宋書には衛戍とあり、日本陸軍は後者を採用したのだろう。

昔の陸軍兵語辞典には「軍隊の駐留する土地と軍隊との関係」とあるが、これもわかりにくい。

同じ時代の和英辞典ではGARRISONで、これを英和辞典で引き戻すと守備隊・要塞・駐屯軍・駐屯地などと訳され、このほうはわかりやすい。

これが衛戍地となると軍隊が常駐し、非常の場合にはその地区に**戒厳令**を発して軍政をしく地となる。

大正九（一九二〇）年に定められたマニュアル「**陸軍衛戍令**」によると、「第一条、陸軍軍隊ノ永久一地ニ駐屯スルヲ衛戍ト称シ、当該軍隊ハソノ地ノ警備、及陸軍ノ秩序風紀ノ監視ナラビニ陸軍ニ属スル建築物等ノ保護ニ任ズ」と書かれている。

いつも暮らす兵営のある所だから自衛隊の駐屯地と同じだが、もともとは駐屯とはこの永久居住の兵営を出て他の場所に一時的に留まることだから、東京の歩兵第一連隊が衛戍地の赤坂の兵舎を出て満州（現中国東北部）、孫呉の国境守備に任ずるとその他が駐屯地となる。したがって正しくは自衛隊の駐屯地はすべて衛戍地である。

大正一二（一九二三）年の関東大地震のときと、昭和一一（一九三六）年の二・二六クーデター事件のときに、通常の政治・行政はストップし、東京の警備司令官つまり第一師団長が戒厳司令官となって戒厳令をしき、絶大な権限を振るった。今流にいうと治安出動であろう。

陸軍衛戍令には市民に時報を知らせるのも衛戍衛兵の仕事と定められている。まだラジオやテレビがなく時計も普及していなかった時代では、衛兵が備砲から空包を放って時刻を知らせた。この号砲は「ドン」と呼ばれて市民に親しまれ、大阪城にある青銅砲は、それを物語る唯一の記念物である。

衛戍のつく語では、「**衛戍監獄**」「**衛戍射撃**」「**衛戍副官**」などあり、その一つの「名古屋**衛戍病院**」は犬山市の明治村に建築文化財の一つとして保存されている。

余談であるが、駐屯の屯の字は以前当用漢字には入れず自衛隊の看板も駐とん地であった。

これではまるで豚小屋で、士気にもかかわると関係者が駆けずり回って、やっと常用漢字に入り市民権を獲得したという笑い話がある。（陸）

営内靴【えいないか】

昔の軍隊の兵営生活と今の自衛隊の隊内生活とをくらべてみると、時代の相違からいろいろな点で違いが見られるが、その一つに靴のはき替えがある。

一般的な兵営生活では、兵隊は**編上靴**・**営内靴**・**上靴**の三種類の靴を支給され、騎兵や砲兵など馬に乗る兵科ではこれに**長靴**が加わる。

軍隊で定めた正式の呼び名はそれぞれ、ながぐつ・あみあげぐつ・えいないぐつ・うわぐつと訓読み（営内靴は重箱読み）だが、兵隊仲間では面倒臭いのか、ちょうか・へんじょうか・えいないか・じょうかで通っていた。

編上靴は自衛隊のそれと似たようなものだが、使われるのは屋外での教練や演習、外出や儀式のときで、戦闘用の被服だから小銃や銃剣と同じように毎日、念入りな手入れをしておかなければならない。

営内靴は紐《ひも》がなく、踵《かかと》を深い月形革でおおって脱げないようにしたつっかけ、今でいうスリッポン靴で兵営内を歩くときにはく略式の軍靴である。

上靴は兵舎のなかだけではく日常的な革のスリッパ状の上履《うわばき》である。自衛隊員は同じ編上靴をはいたまま屋内・屋外を問わず歩けるが、兵隊は兵舎に入るたびにはき替えなければならない。住生活が和風のためだが、それからいえば兵舎内は城中の座敷に当たるのだろう。

まず教練や演習に出かけるには、靴脱ぎ場で上靴から編上靴にはき替えて巻脚絆を巻いて出かける。炊事場や浴場に行くにも上靴から営内靴にはき替える。本部の事務所や他の中隊の兵舎を訪れるときには、営内靴にはき替えたときに上靴を尻にはさみ込み、着いたらまた上靴をはき替えて上がる手順がいる。

演習から帰ってきて炊事当番に当たっているとさらに面倒で、巻脚絆をはずして手早く巻き直し、靴箱に編上靴を収めて上靴にはき替え、小銃を銃架に戻し装具を枕元に吊り、とって返して営内靴にはき替えて炊事場を往復、もう一度上靴にはき直して**内務班**の食卓に飯汁を配るという順序になる。

たたみの部屋、布団の寝室の和風生活からきた日本独特の習慣で、軍隊には似合わぬはずだが、いまでも日本の家屋のほとんどは玄関で靴を脱ぎ、病院や学校でもスリッパにはき替える所は多い。逆にアメリカの西海岸あたりには、日本流に入口で靴を脱ぐアメリカ人の家庭も増えている。

靴は帽子や軍服と同じく兵隊には身近な服装だから、それにまつわる悲喜劇の思い出話も多い。高温多湿の南方戦線では、編上靴の縫い目が腐って革がバラバラとなり、地下足袋のほうがはるかに便利だったこと。風呂に入りにいって、程度のよい古兵の営内靴とまちがえて半殺しの目にあったこと。内務班の私的制裁で上靴でなぐられ、頬に靴底のマークがついた等々、エピソードにあふれている。

「**被服手入保存法**」というマニュアルには兵隊教育のために、それぞれの靴の部分が図入りで説明してあるが、それが何でどう読むのか、振り仮名抜きで並べてみよう。クイズと思って試していただきたい。

「長靴」―吊紐・筒革・筋革・柱形革・爪先革・拍車止革・尾錠・踵・拍車留・拍車・歯車
「編上靴」―後革・摘革・砂除革・鳩目・踵・爪先革・鉄鋲・靴紐・月形革
「営内靴」―甲布・爪先革・口縁革・月形革・半張桟革・泥除革・踵・踵鉄
〝裏側〟―半張革・鉄鋲・表底革・踵鉄

（陸）

（→巻脚絆６・内務班７）

燕口袋【えんこうぶくろ】　一本のひもで口を締める巾着《きんちゃく》の形をした無地のズック製の袋で、締めると口元がつばめの口に似ているところからこの名がある。

中身は服の手入れをする毛ブラシや靴ブラシ、修理用の糸や針などが入り、平時の内務班では一人に一個ずつ枕元にかかっている。

兵隊になじみのある袋類には、この他に入隊時にぶら下げていく**奉公袋**、現金などを入れて首から吊る**貴重品袋**、弾薬や食糧を詰めて肩から斜めに背負う背負い袋、内地の香りを前線に届けて兵隊を喜ばせる**慰問袋**などがあった。これより大きな袋やカバン類は軍隊では**嚢**《のう》

になり、背嚢・雑嚢・水嚢・医（療）嚢や海軍兵の衣嚢などがある。アメリカ軍では戦死体はゴム袋に入れて後送するが、これは兵隊がかかわった一番大きな袋だろうか。（陸）　（↓慰問袋8・奉公袋8・内務班7）

厠【かわや】

「かわや」はもともと川辺の家、川屋なのだが、川にまたがって設けられた自然の水洗トイレに厠を当ててかわやと読む。

川が何もかも流してくれて臭いは消えるはずだが、同じ言葉を長く使っていると、この涼しげな言葉も臭いがしみついてくる。

便所も「便殿《びんでん》」が天子の休息の御殿、便座がくつろいですわる席を意味するように落ち着き安らぐ場所なのだが、やはり臭さがただよってくる。

このためいろいろ新しく言い換えて、御不浄《ごふじょう》・はばかり・雪隠《せっちん》・手洗いなど次つぎと間接的表現の言葉が使われる。雪隠は昔、中国の高僧が雪隠寺という寺で修行中に便所の掃除係であったという故事からきたといわれ、かなり教養に満ちた言い回しである。

近頃では手洗いやトイレに落ち着いたようだが、それでも赤いハイヒールや黒いシルクハットの絵で示したり、化粧する気もない御婦人が〝お化粧室はどちら？〟などと尋ねている。

他の国でも同じことで、もともとは川の上にまたがって建っていたWATER CLOSET（水屋）のW・Cに臭いがついて、LAVATORY（洗面所）、TOILET（化粧室）に代わり、それも古くなって、WASH ROOM（洗場）、REST ROOM（休憩所）などと変わってくる。

厠は古くから一般に使われていた名詞でかならずしも軍隊に限った言葉ではないが、このように民間で次つぎと変化していくなかで、明治から終戦まで軍隊で一貫して使われ、さながら軍用語のようになっていた。

いつも居所をはっきりしておかなければならない初年兵は、便所に行くにも〝○○二等兵、厠に行ってまいります〟〝××二等兵厠から戻りました〟と断らなければならなかった。しかし、厠の中は兵営中唯一の個人の自由がある場所で、煙草を吸ったりまんじゅうを食べたりする楽しみの場所でもあった。

漢字には便所の厠の他に圊《せい》があり、便所に入っているのを上圊中《じょうせいちゅう》というが、このへんになると臭いはまったくない。

中国では、こんなわずらわしい言い回しをせず、今でも男厠・女厠である。（共）

甲板洗い【かんぱんあらい】　前に、元帝国海軍の老兵と自衛隊の護衛艦に便乗して東京湾クルーズをする機会があった。

鉄板の上に防錆・防水・滑り止めの塗料を塗ったピカピカの甲板を見て、彼は「これなら甲板洗いは楽だなぁ」と感慨をもらしていた。いまは甲板掃除はあっても甲板洗いはもうしていない。カッターの訓練とともに、毎日朝食前の三〇分の甲板洗いはそのきびしさで艦隊勤務者の語り種《ぐさ》となっている。

洗面をすますと「両舷直整列」の号令で兵たちはズボンの裾をめくり上げ横一列になって

スタートラインに着く。当時は、ほとんどが木甲板で、これをピカピカに〝顔の映るほど〟磨き上げるのが毎日の日課となる。

「甲板洗方《あらいかた》、掛《か》かれッ」の号令で、バケツで石けん水がまかれ、大型のブラシや椰子《やし》の実などでゴシゴシ昨日の汚れを落とす。これが一段落すると、次は「ソーフはじめッ」で汚水を拭きとる作業にかかる。ソーフは大きな雑巾《ぞうきん》のことだが、雑巾には別に**インサイド・マッチ**という海軍用語があり、掃布かもしれない。

中腰の四つん這《ば》いになり、前へ前へと進み突き当たると、「まわれ、まわれ」の号令でいっせいにUターン、持ち場を何往復もする。甲板をきれいにするには際限ないから、この日課は眠気ざましのハード・トレーニングでもあった。

兵たちが中腰の姿勢でこの重労働に耐えている間、下士官たちは立ったままの楽な姿勢で長柄のブラシでゴシゴシやり、士官は手ぶらでそれを監督している。

この甲板洗は海軍兵学校にもあり、居室は軍艦と同じ木甲板、三号生徒（一年生）はソー

「甲板洗方掛かれ」の号令で始まる朝の日課、甲板洗い

フとブラシ、二号生徒は長柄のブラシ、一号生徒は手ブラで号令かけ、とまったく同じだったという。『輝く海軍写真帖』という当時の本の説明に〝甲板洗は男性的で勇壮活発である〟とあるのを見て、元水兵さんは〝冗談でしょう〟と怒っていた。（海）

乾麵麭【かんめんぽう】　乾麵は干しうどんやそうめんなど干した麵類のことだが、麵麭となるとパンのことで麭包とも書く。

江戸時代にポルトガル人が長崎に伝えた食物「ポウ（PÃO）」は舶来の珍味として供されたが、味がそばに似ていたのか麵麭の名がついた。一種の当て字である。

やがて明治の文明開化で一般に普及し名前もフランス語のPAINからパンに変わるが、陸海軍では頑固に麵麭で通し、これを固めて携帯用にした**乾パン**も少なくとも表向きは昭和の終戦まで乾麵麭となっていた。

乾麵麭は兵隊が持ち歩く**携帯口糧**《けいたいこうりょう》の一種であり、携帯口糧は**兵食**《へいしょく》の一部であるから、まず兵食を調べてみる。『広辞苑』には、①兵士と食糧、また兵士の食糧。②兵営内で下士官・兵またはとくに定められた者に対して給する糧食。とある。さむらい言葉でいえば兵糧・兵粮（ひょうろう）で、遊び呆《ほう》けるドラ息子に小遣いをやらずに〝兵糧《ひょうろう》攻めにする〟などと生きている。

広義では、①の軍隊の食糧なのだが、②については少々説明がいる。

いまの自衛隊では幹部と曹士の食事は、食堂は別だがメニューは同じでデモクラティックだ。しかし、旧陸海軍では補給の途絶した最前線は別として、平時の兵営内や軍艦のなかでは食事の内容に厳然とした階級差があった。

捕虜になった日本兵が収容所の鉄条網のなかからアメリカ兵たちの給食風景を見て、師団長も兵隊も一列に並んで食事をもらう姿にショックを覚えて回想記などに書き残している。陸軍では当番兵が皿数の多い将校食を目の高さまでささげて給仕し、海軍では司令長官の乗艦する大艦では戦時中でも軍楽隊の演奏つきのフルコースを見ている日本兵が驚くのもむりはない。

明治陸海軍が手本としたヨーロッパ各国の将校は大半が貴族であり、日本も最初は士族中心であったから階級からくる待遇差は当然、兵の食事は官費だが将校食は自弁で何を食べようが勝手といった考えであろう。建軍期には兵隊にも金を渡して食事を適当に買わせていたが、貧しい兵士のなかには食費を切りつめて家に送金し栄養失調となるものも出て官食制となった。

米食民族の日本人の主食は米であり、これが補給と栄養の面で日本軍の兵食の頭の痛いウイークポイントとなってきた。明治の軍隊は万事ヨーロッパ式に形から入り、洋服・軍靴・ベッド・パン食で始まったが、パン食だけはどうしても農村出身の兵士には受け入れられなかった。陸軍医務局長の森林太郎（鷗外）らの努力にもかかわらず、ついに全廃、ハイカラな海軍も長くがんばったが、結局は明治中ごろには米主・パン従食となった。

貧しい農漁村出身の兵士たちにとっては、軍隊に入って三度三度白い飯が食べられるのは大きな魅力だったが、日清・日露戦の戦訓から白米食は脚気《かっけ》の原因となり戦力を低下させるため、兵食の主食は米麦混合となった。割合いは米四・二合、麦一・八合で一日六合、九〇〇グラムは飽食時代の若者にはとても食べられない量だが、これが補給上の大きなネックとなっていた。

陸軍大学校の資料によると、一個師団の兵員・軍馬の一日の消耗食糧は米一一七石、肉七八〇貫、塩六〇貫、大麦一〇七石、重量にして約三七トン、ベーコンや干豆・粉ミルクの肉食民族の兵食にくらべて容量は大きい。

中国大陸や東南アジアなどの米作地帯の戦場では〝食は敵に依《よ》る〟方式で地元から徴発しながら戦ったが、孤島や密林では食糧はすべて後方から補給していかなければならない。米麦の俵《たわら》を運ぶには肉や小麦粉よりも大きな船腹が必要で、苦心して陸揚げしてもスコールに濡れ熱帯の太陽に灼《や》かれてすぐに腐ってしまう。

ソロモンの**カダルカナル島**争奪戦は結局、消耗戦・補給戦となって、潜水艦が兵器や弾薬でなくゴム袋に入れた米を背負って運ぶような窮状となった。兵隊は補給が絶えた奥地や孤島で、敵弾ではなく飢餓で白い飯を夢見ながら死んでいった。米のとれない戦場で戦うことなど明治以来勘定《かんじょう》に入っていなかったのであろう。

短期間の作戦や演習のときに身につけて持っていく兵食が携帯口糧である。戦国時代はもみ・焼米・乾もみ・干魚《ほしうお》・梅干し・餅《もち》などがあったが、やがて乾麵麭やかつお節《ぶし》が登場した。はじめはビスケット状の堅麵麭《けんめんぽう》で、九州の物好きなパン屋さんが今でも「懐かしの小倉第十四連隊堅麵麭・カタパン」などというレトロ食品を売っている。

その後の乾麵麭は小型で固く塩味で、中に白い金平糖《こんぺいとう》がいくつか入っている。この他にも圧搾米・固形砂糖・牛缶をはじめ各種の缶詰が加わってきたが、やはり乾パン・かつお節・粉みそ・梅干しなどが戦う兵隊の命の綱であった。

この貧弱さにくらべて、今は戦闘糧食と呼ばれるようになった自衛隊食のメニューは豪華である。関係者が努力して白飯・赤飯の缶詰《かんづめ》からツナサラダ・焼鳥・ハリハリづけ・蜂蜜《はちみつ》まであるが、かつては若い隊員のなかには演習にはスーパーで買ったインスタント食品を持って出かけ、官給の缶詰を演習場に捨ててくる者もいたようだ。

明治以来一世紀、軍隊の乾麵麭の名前は消えたが、自治体などで用意している地震・火災などの非常用救護食糧のなかには昔ながらの乾パンが厳然と残っている。おそるおそる袋を開けてみると、ちゃんと金平糖が入っていた。(共)

ガンルーム【GUNROOM】

大きな軍艦の中で、各科の長や分隊長のような佐官や大尉はそれぞれ個室をもち、休息や食事のときの集会所として共有の士官室というサロンをもっていた。

その他士官たちには**士官次室**があり、これには第一次室と第二次室に分かれる。

第一次室は学校出の中尉や少尉の部屋で、第二次室は兵隊から上がってきた**特務士官**や准士官の部屋と区別され、このガンルームは第一次室の俗称である。

中世までは軍艦の艦載砲は、上甲板や中甲板に据《す》えられて敵艦の横っ腹を撃つように作られていたから、ガンルームの語源は中甲板の砲室をそれに当てたところからきたといわれている。

このガンルームに属する士官は、第一士官次室士官だが、長いので**次室士官**と呼ばれる。妻子もちの古参中尉や軍医さんもいるが、バリバリの学校出で海兵を出たばかりの少尉候補生もいて、艦内の元気の中心的存在であった。

この部屋のボスは最先任の士官で**ケプガン**と呼ばれ、次室士官の心得にも〝ケプガンを立てよ〟と記されているが、判りにくい言葉である。

明治の海軍はイギリスの海軍用語をそのまま使いながら、いつのまにか日本なまりにして同化してしまう癖があるから、CAPTAIN OF GUNROOMを略した和製英語である。

現在の自衛艦の士官室は一つか大きい船で二つで、防大出身も海士からたたきあげてきた幹部もいっしょに食事しているが、これは旧軍に比べて船が小さく幹部の数が少ないという理由もあるようだ。（海）（↓特務士官上1）

空襲警報【くうしゅうけいほう】

航空機が空から銃爆撃する空襲やそれを予告する警報はいまでも世界のどこかで起こっている。しかし、日本では悪魔のうめき声のように三分間鳴りわたる空襲警報のサイレンが聞こえなくなってから半世紀もたち、この言葉も死語化しつつある。ただし、警報は地震警報や津波警報に生きている。

戦時下の子供たちはまさに軍国少年で、教室でよからぬ相談をするときなどは廊下に一人見張りを立て、教師の姿が見えると「空襲警報発令！」と急を知らせた。小学一年生でも知っている常識語であった。

第一次世界大戦のヨーロッパでは、敵味方とも新兵器の航空機の空からの攻撃に痛めつけられて国民の間にも防空意識が芽生えていたが、参戦はしたものの本土には何の攻撃も受けなかった日本人が意識しはじめたのは、ワンテンポ遅れて昭和に入ってからのことである。

空襲があると迎撃は味方の戦闘機、それを砲撃するのは高射砲陣、火災が起きると第一次消火は消防署・消防団と段取りは決まっていた。延焼して大火となると住人たちが自力で消火する民間（市民）防空に頼るしかない。第一次世界大戦でロンドン市民は連日連夜、ドイツの爆撃機や飛行船からの空襲にさらされたが、火災の消火、負傷者の救出手当て、焼跡《やけあと》の片づけなど市民たちが大活躍をしている。無差別爆撃だから被害者も多い。

空襲の脅威がしだいに日本に伝わってくると、それを最も恐れたのは軍部であった。石造りの外国の家にくらべて日本家屋のほとんどは木造で燃えやすく、これが本土防空上の最大弱点となる。戦前からアメリカ空軍の関係者は〝紙と木で作った日本の家は枯木《かれき》のようなものだ。一〇〇機の航空機から投下する**焼夷弾**で東京を火の海としてみせる〟と豪語しており、軍部も十分にそれを承知していた。

そこで政府は、まず地域ごとに**隣組**《となりぐみ》をつくって民間防空の最小ブロックとし、各戸に水をたたえた防火用水、手渡しのリレーで水を送るバケツリレー、竹竿《たけざお》の先に縄束《なわたば》を着《つ》けて火を叩き消す火叩《たた》き、砂を詰めた砂袋などの消火七つ道具をそなえつけさせた。

　この他にも、夜間灯火を外にもらさぬ**灯火管制**で窓に黒い遮光幕を下ろしたり、電灯に黒布の覆《おお》いを被《かぶ》せたり、窓ガラスが爆風で飛散しないようにバツ十字の目張《めば》りを貼ったり懸命に指導する。時どき日を決めて官製の防空演習を実施するが、まだ尻に火がついていない国民はあまり本気にならず、てれながらバケツリレーなどをしていた。

　昭和六（一九三一）年に名古屋地区で軍の指導のもとに大々的に行なわれた軍官民協同の名古屋大防空演習でも、中部軍司令部の講評は「全体的に甚《はなは》だ遺憾な点多しと認む」と落第点だった。

　警報の順序は、まず遠くからの敵機の接近を知らせ、市民に準備をさせる「**警戒警報**」で始まり、つづいて間をおいて、「空襲警報」となる。敵機が来

全国に貼られた防空警報（警戒・空襲）のポスター

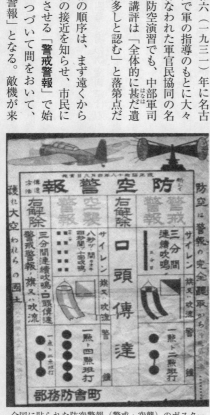

なければ警戒警報のままで終わるが、いよいよ間近に迫ってくると、「空襲警報発令」となる。この発令で老人や子供は防空頭巾《ずきん》（爆弾や高射砲弾の破片から頭を守る）を被り、救急袋や水筒を肩にかけて近くに掘った防空壕の穴に身をひそめ、大人たちはバケツや火叩きを手に身構える。やがて敵機が去ると、まず「空襲警報解除」となり、しばらくして「警戒警報解除」でヤレヤレと幕となる。

この四幕一場の防空劇には賑《にぎ》やかな音響効果がついている。まずラジオからブザーとともに「東部軍管区司令部発表、関東地方に警戒警報発令」といったアナウンサーの声が流れ、サイレンがいっせいに鳴り渡る。その鳴る長さは区分され短笛《たんてき》の断続が空襲警報、長笛の一声が警戒警報となる。

サイレンのない町や村では火の見やぐらの半鐘《はんしょう》や寺の鐘が合図となり、これも叩き方や撞《つ》き方で警戒・空襲を区別、最後は隣組役員のメガホンによる連呼となる。演習のときには、これに訓練の二文字がついて訓練空襲警報となるが、隣りのおじさんが「クンレン、クーシユーケーホー、ハツレイ」と、のんびりした声で歩き回っているのを聞いても他人ごとのようであった。

しかし、さすがに戦争に突入すると実感がわいてきて防空演習にも熱が入るようになってくる。日中戦争の初期にも勇敢な中国空軍のパイロットが単機で二回ほど九州に進入し、空襲警報も出されたが国民の大多数は知らないままであった。太平洋戦争の始まった昭和一六（一九四一）年の師走にも立てつづけに数回、空襲警報が出されたが誤報だったと後になってわかる。

日本国民が味わったアメリカ空軍による最初の**本土空襲**は、昭和一七（一九四二）年四月一八日、空母から飛び立った双発爆撃機Ｂ25による有名な「ドーリットル空襲」である。

空母「ホーネット」から飛び立った一六機の爆撃機が二、三機ずつ東京・横須賀・新潟・名古屋・神戸に分散進入して爆弾と焼夷弾を投下した。損害は軽微で、大本営の報道官は「敵機は何もせずに逃走した。名前どおりのドーリットル（DOOLITTLE）」だったとからかったが、開戦後はじめての本物の空襲で国民の受けたショックは大きなものであった。日本側が撃墜した敵機は一機もなく戦果ゼロで、こちら側もドーリットルである。何よりも、機動部隊の発見報を受信しながら来襲時間を計《はか》りちがえて、敵機の通った後に高射砲を撃ち上げ、さらにその後で空襲警報のサイレンが鳴りだすという不始末をさらし、防空陣の弱点をさらけだしてしまった。

戦略爆撃機の「Ｂ29超空の要塞」が完成すると、アメリカは本格的・大規模な本土空襲を開始し、国民の防空演習ももう遊びではなくなってきた。最初のうち

隣組の防空演習。女性はバケツや火叩きを手にしている

は、中国の基地から少数機が九州の八幡製鉄所を狙って夜間爆撃に来たり、高射砲の届かない一万メートルの高空から投弾するおよび腰の空襲だったが、やがてサイパン・テニアン・グアム島のマリアナ航空基地群が手に入り、数百機のB29が勢ぞろいすると大々的な日本各地の戦略絨毯《じゅうたん》爆撃作戦を開始した。

来襲するのは夜間戦闘機しか手の出ない深夜、高射砲が追いつけない低い高度、投下するのは徹底して焼夷弾で、数十機から二〇〇機が数梯団《ていだん》に分かれて次つぎと押し寄せた。ベテランの先頭機がまず目標に投弾し、その発火を目標に新人爆撃手が投弾、やがて広がる猛火で町の輪郭がはっきりと見えてくる。灯火管制や遮光幕の努力もまったく無力であった。

小さな町で一晩、中都市で二、三晩、大都市でも数回の連続夜間空襲で焼け野原となってしまった。最初のうちは一〇日か一週間おきの空襲も、ますます攻撃側が優勢となり防空陣が劣勢になってきた東京などではほとんど毎晩のように空襲警報が鳴り、時には寝たと思ったら次の空襲でまた起されることもつづいた。市民たちも睡眠不足となるので警戒警報が省略されたり、少数機のときには空襲警報さえも出ないときもあった。

こうなると、みな落ち着かなくなり、防空演習よりも家族や家財の**疎開**（田舎への移転）に精を出す。残った者も半ば自棄《やけ》になって、空襲警報が出ても敵機が頭の上に来るまでは寝床にもぐって電気蓄音機《プレーヤー》でベートーベンの『運命交響曲』などを聞いている。空からは近づきつつあるB29の爆音が聞こえ、地上ではベートーベンが聞こえてくる奇妙なシーンであった。

防空演習では火の消し方や灯火管制をきびしく指導したが、レコードをかけるなとはいっていない。しかし、これはまだよいほうで、私の家の真向かいの某伯爵邸では空襲下、邸内の能舞台に能楽師を呼んで、ゆうゆうと家伝の能仕舞を楽しんでいた。〝さすがに殿様、落ち着いたものだ〟と感心する人もいたが、多くは〝このご時世に――〟と憤激していた。心を静める謡《うたい》の調べや鼓《つづみ》の音が市民の気持ちを逆なでしたのだろう。

私にも昭和二〇（一九四五）年五月二四日夜の第二回**東京大空襲**で、家を守り雨のように降ってくる焼夷弾に立ち向かった覚えがある。高度二〇〇〇メートルで投下した親爆弾が空中で炸裂すると、数十本の子爆弾がシューシューと気味の悪い音をたてて落ちてくる。八〇センチほどの六角形の形をした油脂焼夷弾は屋根瓦を突き抜け、あるいは地上に突き立ってメラメラと青白い火を吐く。この火を消すのは意外と簡単で、はじめのうちなら砂をかけたり、火叩きで叩いて簡単に消えた。だが、いくら消しても消してもまだ降りつづいて、そのうちに誰もいない場所から大きな火の手が上がってくる。五、六発消したところでまわりを見回すと、みなとっくに逃げ出して誰も見あたらず結局、家は焼け落ちてしまった。アメリカの物量の豊かさを身をもって実感した一夜であった。

絶対的自信をもったアメリカの戦略空軍は「この都市が米空軍の次の攻撃目標です」という空襲予告のビラ（伝単）を空から散布しはじめる。裏面には都市名と予定日時が書いてあり、事実、予告どおり空襲は実行されたから、その町の住民は先を争って逃げだした。命を助けるように見えるが狙いは消火活動をさせないためで、消し手のいなくなった町は簡単に全焼する。

末期になると軍のほうも空襲警報の発令にも手を抜くようになった。警戒警報だけで何の準備もしていなかった広島で、一機のB29から落とされた**原子爆弾**が二〇万の市民を爆死させるなど、誰が予想できたであろうか。

終戦から五年たった昭和二五（一九五〇）年六月、突然三八度線で**朝鮮戦争**が始まり、その二、三日後に福岡市に久びさの空襲警報のサイレンが鳴りひびいた。近郊にアメリカ空軍が朝鮮に向かって飛び立つ板付《いたづけ》飛行場があるためだ。そのとき市民は少しも騒がず、防火用水に水をたたえ、防空頭巾を取り出し、遮光幕で窓を覆ったと伝えられている。長い間に鍛え上げた防空演習のたまものであったのだろうか。（民）　（↓銃後8）

後発航期【こうはっこうき】

艦船から休暇や用事で上陸した海軍の将兵が帰艦時間に遅れて失敗する例はままある。この「**舷門《げんもん》おくれ**」は時には汽車の遅れなどもあったが、多くは酒と女に浮かれて寝すぎてしまった遅刻で、規則にやかましい軍隊では一大失態であった。

陸軍ではびんたや始末書ですまずに営倉入りになったりするが、営倉のない海軍では当直将校のお小言と最低一日の**上陸止め**（休暇取り消し）ぐらいですんだ。あまり厳格にやると配置に影響が出るからだろう。

ところが出港の前となると話は別だ。上級士官ならともかく、一人の水兵のために出港を遅らせるはずもなく、さっさと錨《いかり》を上げて出港してしまう。船は出て行く、煙は残るで、連絡用小艇の**通船**《つうせん》に乗り遅れた兵隊は呆然として遠ざかる煙を見送ることになる。まっ青になるのも当然で、これは海軍刑法の「後発航期罪」になり、軍法会議に送られ海軍刑務所が待っている。

脱走する気持ちはまるでなく、ただ遊びすぎただけであっても船に乗りそこなったのは出動した部隊から脱落したわけで、これが戦時ならば**敵前逃亡**と同じととられる重罪になる。これを大目に見ると故意の後発航期が次々と出てくるからで、帰艦遅れは〝男子一生の不覚〟でなければならなかった。（海）　（→重営倉７・脱柵７）

私物【しぶつ】

官庁や会社のそなえつけの品に対して個人的に所有権のある物で、今でも公私混同、私用電話などとともに使われている。

軍隊は官庁だから私物の対語は官物《かんぶつ》で、兵隊が身につけ手に持つ兵器・装具・被服のまずほとんどは官物（官給品《かんきゅうひん》）となる。

兵器や装具・器材は部隊の装備品だが、個人的な軍帽・軍服・靴などは在隊中だけ国から兵隊に貸し出される**貸与品**であり、新品と交換するときや**除隊**するときには還納しなければならない。

それでも兵の数の少なかった明治時代には、除隊のときに記念として無料で払い下げられ故郷に錦を飾って帰ったが、軍服よりも兵隊の数が多くなると**初年兵**は何人もが袖を通した中古服を着せられる。

ピカピカの新品が**一装**、比較的新しい中古服が**二装**、それ以下が**三装**で、一装は儀式のときか外地に**出征**するときにしか着られない。

アメリカの兵隊の略語をGIというが、これはGOVERMENT ISSUEの略で上から下まで政府官給品というわけだ。

兵隊の持ち物はすべて官物で私物は褌《ふんどし》だけといわれるが、これはたとえで、身につけるものでも財布やハンカチ・ちり紙などは私物であり、**内務班**などの居住区に置いてある洗面用品や筆記具、隊長の許可ずみの本などいずれも私物である。

前線では**徴発**したシャツを着込み、捕獲した敵の拳銃を私物兵器として腰に下げたりする。

万事国持ちの下士官・兵に対して、将校は十分な給料をもらっているからその調達はすべて自己負担、つまり私物となる。

つまり軍服はもちろん、軍刀・拳銃・双眼鏡といった兵器もそれにふくまれるから、体は国に捧げ、あとはすべて自分の物という具合である。(共) (→徴発上3)

重営倉【じゅうえいそう】　軍隊にさまざまな人間が混在しているのは一般の社会と同じだから犯罪も起きる。傷害や窃盗などがあるのは当然といえば当然だが、軍隊にしかない罪というのも別にある。

上官への反抗・暴行、隊からの逃亡、兵器や備品の故意の損傷などがそれであり、とくに反抗や逃亡などは軍隊の組織そのものを維持する**軍紀**を崩壊させ、ひいては戦いの勝敗にかかわってくるから、それへの制裁は厳格で峻烈をきわめた。

戦前の大日本帝国憲法では、現在では認められていない特別裁判所が認められており、これが陸海軍の軍人・軍属を対象にして軍自身の手で裁く軍事法廷の**軍法会議**であった。

ふつうの刑法犯もこの軍法会議で裁かれて、陸海軍が独自につくっている**軍刑務所**に送られて服役するわけだが、軍人特有の犯罪については明治以来の**陸軍刑法**・**海軍刑法**でその罪と罰が定められている。

たとえば武器を使った上官への反抗、部下を引き連れて敵に降伏する幹部、**敵前逃亡**などは重罪で最高の罪は死刑である。

軍隊と**地方**（民間）とに一線を引いて軍人は武士階級、地方人は町人・農民といった封建意識が強く残っており、**憲兵**による罪人の摘発から刑法・裁判所・刑務所まで一貫して自裁の原理にもとづく制度があり、死刑も軍人らしく銃殺刑であった。

しかし軍隊では、日常的に大小さまざまの軍紀違反行為が起きる。これを一つ一つ憲兵隊に送っていては憲兵も迷惑であり、第一、隊内からたくさんの「縄《なわ》つき」ばかり出していては隊長の点数にもかかわる。そのため小さな件については隊内で処理することになっていた。

上官への口答えなどは、びんたをはじめとする体罰や隊長の説諭、外出取り消しの**外出止め**などですみ、兵器や軍馬（兵器扱いであった）の破損や私的制裁で部下を傷つけた上官、酒を飲んで暴れた兵、比較的短い時間の**脱柵**《だっさく》や逃亡などは隊内犯罪の大なるものとみなして連隊長の厳重説諭から階級を下げる降等などが適用され、なかで最も使われ親しまれた？のが隊内に作られている禁錮室への禁錮《きんこ》で、この小部屋が**営倉**である。

たとえば休日に隊に戻る帰営時間に遅れると、一、二時間ならばびんたや叱責ですみ、七二時間を越えると意志をもった逃亡とみなされて憲兵隊に通報され軍刑法の発動となる。帰営時間が過ぎて時間がたってくると逃亡とみなされ、**非常呼集**となり隊員が総出《そうで》で逃亡路や近くの駅、行きつけの飲み屋や遊廓を探し回り、運よく七二時間以内に見つかれば、隊に連れ戻されてこの営倉に放り込まれる。

兵営内の監獄ともいわれるこの営倉は、ふつう正門横にある衛兵の控えている**衛兵所**のうしろに隣接して作られた小部屋で、床は板敷き、入り口には鉄や木の格子《こうし》がはめられ頑丈な鍵がつけられていた。首吊り防止のためベルトをはずされ、ここに放り込まれた兵は、寝るとき以外は板壁に向かって正座し、衛兵と話すことも許されず、反省の日々を過ごさなければならない。

寝具は毛布一、二枚、食事も一杯の麦飯と一杯の水だけだが、衛兵の中に友だちでもいればおかずの差し入れが黙認されたりする。

この禁錮期間が何日にもわたる長いのが**重営倉**であり、一、二日の短いのが**軽営倉**である。営倉を出て隊の部屋に戻ってくれば**営倉帰り**で、営倉の数を重ねて札つきになると同時に隊内でも一目置かれるところは、やくざの刑務所帰りとまったく同じであろう。

武士社会であるから、上士である将校と下士・足軽である下士官・兵とは区別され、軍紀違反の将校は営倉ではなく自宅謹慎の処置となった。営倉入りは兵隊の特権でもあったのだ。海軍では、狭い艦艇の中にそんな部屋を作る余裕もないから倉庫などを仮の禁錮室に使う。したがって、営倉のなかった海軍には営倉入りや営倉帰りの言葉はない。（陸）

（↓憲兵上2・脱柵7・地方人8）

酒保【しゅほ】

国語辞典を引くと「①酒屋のやとい人、酒を造る人、売る人。②軍隊内にあった日用品や飲食物売店」とあり、ここでは②に限られる。

さらに漢和辞典では、「酒家の傭夫《ようふ》、造る者、売る者」とあり、酒保の保の字は保証人を指し、酒保の語源は保証人のある酒店の使用人となる。同じように酒舗（酒屋）、酒母（酒屋の女主人）などもある。

自衛隊にも隊内に同じような施設があるが、米軍キャンプからの「PX＝POST EXCHANGE」や一般的な「売店」が使われている。

国粋的な日本軍隊の中に、このような中国の古語が生きていた理由は想像にたよるしかない。

いつの時代、どこの国でも若い兵士の集まる軍隊の周辺には、かならず酒と女が集まってくる。わが国でも平安時代や戦国時代にも営内はともかく、宿営地や移転先に酒造り・物売り・娼婦が集まってきたのは容易に想像できる。士気の維持や日用品の調達にもそれが必要であったはずで、そのうちになじみの酒売りや女ができて軍隊の後に従ってついて行く。そんな黙認の飲み屋をしゃれて外来語の酒保を隠語として使ったのではあるまいか。

日本の大和言葉ではなく外来語を使っているのは、遠くは奈良・平安時代の唐風万能時代のなごりか、秀吉の朝鮮外征のときのみやげ、あるいは一九世紀末の日清戦争の戦地での習慣などなど、想像はいくらでも広がる。

一日の課業が終わると、将校や下士官は家に帰るか集会所へ、兵士たちは「酒保開け」の命令で開かれる営内唯一の休息所である酒保へ殺到する。

といっても、現在では自由のアルコール類は、曜日の制限つきか部隊によっては禁止で、兵士たちの楽しみは食い気に限られる。うどんやアンパンなどの軽食、汁粉《しるこ》やまんじゅうなどの甘味料、サイダーやラムネなどの飲み物といった他愛ないメニューだった。

兵士たちの日用品は、ほとんど官給品でまかなえるが、手拭《てぬぐ》いや石けん・歯磨き粉・封筒・葉書・鉛筆・褌《ふんどし》といった**私物**の消耗品も酒保で買うことができる。

今の自衛隊と違って女人禁制の兵営内だから、売り手も酒保係の武骨な兵隊だけだ。

ところが、この息抜きもすべての兵士に許されたわけではない。勤務中はもちろんだが、約半年間の**一期検閲**のテスト（教練の試験）までは初年兵にとっては酒保詣《もう》では許されない。

もともと課業終わりの後も、古兵たちの靴を磨いたり下着を洗ったり、公私混同の重労働を強いられる初年兵たちには時間のゆとりもなく、三円か五円の雀の涙のような給料では酒保通いもつづけられないが、何よりも怖いのは古兵たちの目である。

内務班の中はもちろん、風呂場から便所まで何かと難癖《なんくせ》をつけたがる意地の悪い古兵にかかっては、知らずに飛び込んだ酒保で〝まだ一年早い！　生意気な奴〟と**びんた**が飛んでくるのは必定である。古兵たちがごっそり酒保に繰り出したあとの内務班こそ彼らの憩《いこ》いの場であった。

海軍では、海兵団や大きな艦を除いては酒保などの施設はないが、〝酒保開け〟の同じ号令で倉庫から持ってきた飲食物で、居住区の中で小パーティを開いた。陸軍にくらべて海軍は酒類には寛容で、酒やビールも味わえる。これらの飲食物の多くは官給品だから、顔を利《き》かせて倉庫係からもらってきたり、ときには**ギンバイ**（銀蠅）してきて内々で楽しむ。**軍人勅諭**の「一つ、軍人は質素を旨《むね》とすべし」をもじって、「軍人は要領を旨とすべし」とうそぶきながら一時の楽しみを味わった。（共）　（↓私物7・員数7・軍人勅諭上4）

上番・下番【じょうばん・かばん】

ジョウゲではなく、アメリカ議会の上院・下院のようにジョウカと読む。

兵営の生活には**週番**勤務や**当番**勤務から**衛兵**・**不寝番**《ふしんばん》・炊事番・厩番《うまや》などいろいろな輪番制の勤務があるが、この勤務に入ることが上番であり、勤務が終わって解放されることが下番となる。

便利な言葉であって、兵隊は日常生活に応用し病気で病室に入ると入院上番、退院すると退院下番などという。野間宏が陰惨な**内務班**の生活を描いた小説『真空地帯』のなかにも、陸軍刑務所から帰って来た主人公を「監獄下番」と呼んで蔑視するくだりがある。

旧軍の消滅とともに死に絶えた言葉だと思っていたら、定年で退官したある自衛隊から、〝ようやく**満期**で下番しました〟という挨拶状が届き、まだ生き残っていたと知った。サラリーマンが定年からくる寂しさを、リタイアしたとか卒業したとか言い換えてまぎらわしているが、〝長い勤めからようやく下番しました〟といわれれば、ついご苦労さまでしたと言いたくもなる。（陸）（→内務班7）

上陸【じょうりく】

かつて土曜日の午後、ある自衛隊の基地を訪れて驚いたことがある。ごくわずかの当直を除いてほとんどの隊員の姿が見えない。聞けば営内居住の隊員もふくめて自分の下宿に帰り、月曜の朝まで帰って来ないという。平和が長くつづいているせいでもあろうが、戦中派にはなかなか納得ができなかった。

艦隊勤務の乗組員にとって、上陸が最大の楽しみであろうことは想像にあまりある。各分隊はみな、右舷員、左舷員に二分され、交替で「半舷上陸《はんげん》」するからその半数は船に残ることになる。将校と古参下士官はそのへんは自由裁量の特権をもっている。

上陸の許可が出ると、性病にかからないように、喧嘩《けんか》をしないようにといったお説教のあと、うやうやしく頂戴《ちょうだい》した上陸札をタラップのある舷門の札に置いてイソイソと上陸する。帰艦時にはこの札を自分で返納するから、札に残された札が未帰艦者と一目瞭然で、そのへんは陸軍と少々違う。

上陸先は家が近ければ帰れるものもいるが、だいたいはあらかじめ決まっている海軍下宿に直行して久し振りにたたみの上で手足を伸ばして娑婆《しゃば》の空気を満喫する。映画や芝居、買い物に出かけ、真面目なものは上官の家をご馳走《ちそう》目当てに訪問したりする。

そうでないものは、行きつけのそうでない所に行くが、航海手当がついたうえに海の上で金の使い場のない兵隊の懐《ふとこ》ろは温かく、飲み屋でも遊廓でも海軍さんはよくもてる。陸軍の憲兵に当たる風紀取締まりの巡察《じゅんさつ》も回ってくるが、同じ船乗りの身で少々のことには目をつぶっている。

外泊できるのが「入湯上陸《にゅうとうじょうりく》」。自宅のある将校や下士官は久しぶりに五右衛門風呂で手足を伸ばすが、独身の兵は馴染《なじ》みのお姐《ねえ》さんの家で一晩を過ごすことになる。

船には陸からロープを伝《つた》ってねずみが入り込み、これが増えると食物を食い荒らしたりして面倒なのでネズミ狩りが行なわれるが、これを何匹かつかまえると「ねずみ上陸一日」がボーナスとしてもらえるので、大の男が血相を変えて箒《ほうき》でねずみを追ったりする。手柄を横取りされないように、捕ったねずみのシッポに名前を書いた紙をつけるところなどは戦国時代の首実検《くびじっけん》のようだ。

仕事でしくじったり・怠けたりするとバッチ（罰直）と呼ばれた罰を受けるが、兵たちが一番恐れたバッチは、顔をなぐられるびんたや尻を叩かれる精神棒ではなく、「上陸止《ど》め」の罰である。長い間、楽しみにしてきた上陸の権利がフイとなるわけだから、どんな猛者《もさ》も〝それはないでしょう〟と泣きべそをかく。陸軍の外出止めと違って、赤い灯青い灯を目の前にして陸を踏めない上陸止めは重罰であった。

渋谷に元海軍軍人や海上自衛隊幹部の「ネイビイ・クラブ」という溜まり場があったが、ここの記帳ノートは、メンバーは〝上陸名簿〟、ビジターは〝乗艦名簿〟となっていた。（海）（↓精神棒7）

初年兵【しょねんへい】 学生でいえば一年生のこと。初年子などという方言もあるが、一年兵とはいわない。兵役の義務は陸軍二年、海軍三年で、平時ならば二、三年義務を勤めて除隊するか、志願して下士官への道を進むかのいずれかだから、三年兵が最上年兵のはずである。

ふつう、入隊してから半年、初年兵の初等軍事訓練を受けたあと**一期検閲**があり、大部分の初年兵は最下位の二等兵から一等兵となる。

一年前に入隊した二年兵もまだ同じ階級の一等兵だから、同じ階級の初年兵と二年兵が生まれることになる。一期検閲のあとは残りの任期を訓練と勤務に明け暮れ、任期明けで半数が上等兵に昇進して除隊となるわけだ。

できのいい兵隊は、最下級の下士官である伍長の資格を証明する**下士官適任証書**をもらって、再び入隊するときには下士官となる。伍長にはならないが、その勤務をする優秀な上等兵は伍長勤務上等兵、略して**伍勤**と呼ばれ腕に赤黄山型のマークを着け格好《かっこう》がいい。

だが、これは平和の時代のこと、戦時には任期は延長されてくる。戦地で敵と向かい合っているときに、ベテランを国に帰すわけにもいかないから任期切れと同時に現地で除隊し、その日のうちに即日現地召集となり、**再役**の憂《う》き目《め》にあう。戦争中は二年兵が何年兵にもなってくる。

一九三七年に始まった日中戦争（支那事変）は半年で終わるはずが、大敗戦となる一九四五年までつづくロングランとなったから、七年兵まで生まれてくる。もちろん軍人を三〇年もつづけている将軍や二〇年も勤めている下士官最上位の准尉（じゅんい）もいるが、これはいわば職業なので何年兵とはいわない。将校や下士官は志願制、兵士は徴兵制（一部志願）であったから「将校商売、下士官道楽、兵隊だけが国のため」という俗謡もある。

いくら戦争が長びき兵隊の数が増えても、下士官には定員があるため五年兵・六年兵になっても下士官にするわけにいかず、部隊の中はベテランの上等兵だらけになった。困った軍部では一・二・上等兵の兵士の三階級の上に新しく**兵長**というベテラン用の階級をつくった。日中

入隊して初めて軍服を身につける初年兵

戦争が長びいてきた昭和一三（一九三八）年のことである。

こうなると学歴や成績によって二年兵の兵長や五年兵の一等兵ができてきて、軍の序列がアンバランスになってくる。軍の規律のベースは縦《たて》社会の階級制度にあるのだが、ここで古い兵隊の威力を発揮するのが階級を越える在籍年数である。「軍隊は階級でネェ、めんこの数でェー」というのが何度も昇進に遅れて万年ヒラの古い兵隊の言い分となる。めんこというのは飯子、つまり食事の数、年の功のことで、今でも会社の中で課長より押しのきくノン・キャリアは、同じ心情でこの言い分を肯定するだろう。

この初年兵は明治のころ**生兵**（せいへい）、のちに新兵とも呼ばれる。対語の古い兵隊は昔は**壮兵**、のちに**古参兵**とか**古年次兵**、略して**古兵**と呼ばれる。

兵営における古兵の新兵いじめは今の学校のいじめどころではなく、内務班の部屋の中で、営庭で、演習場で徹底的に伝統的に行なわれた。

愛の鞭《むち》というよりも閉鎖社会の軍隊内の悲しい気晴らしでさえある。新兵が一年間、泣かされたあと古兵になると、新兵のときの苦痛や屈辱をすっかり忘れて、いじめに専念する側にまわる。

しつけは厳しく、訓練は辛く、食事も睡眠も少なく、古兵たちの兵器の手入れや洗濯・掃除は新兵の仕事だった。訓練から兵営に帰ると、新兵たちは先を争って古兵の巻脚絆《まききゃはん》をとき靴ひもをほどく。初年兵の間は古兵の召使いというよりも奴隷に近い。初年兵には就寝のラッパが、〽初年兵はつらいよネー、また寝て泣くのかネー、と聞こえたという。（陸）

（↓内務班7）

ストッパー

英和辞典でSTOPPERを引くと止め男、制止者などの他に、海事用語で止め索《さく》とある。

帆船航海時代には帆を操るロープの重要さは格別で、結索《けっさく》などのロープさばきはマドロスたちの必修技術でもあった。

このロープの端を舷側などに固定する時、一時的に索の張力を保つ索具《さくぐ》がストッパーで、ロープを切るジャックナイフ（JACK KNIFE）とともに軍艦の水兵たちにも縁の深い道具であった。

帆船から石炭焚《た》きの鋼鉄艦となった一九世紀後半の日清戦争でも、記念写真に写る水兵たちはこのジャックナイフを首から下げ、ストッパーを手にして写っている。

日本海軍は英国海軍から直輸入の用語をそのまま使っており、なかには酒席の隠語と化したものも数多いが、このときのストッパーは褌《ふんどし》のことである。最後のものを止める役割があるからであろう。

褌は「褌文化圏」という言葉があるように、主として湿気の多いモンスーン地帯の特有の服装でイギリスにはないはずだが、和英辞典で引き直すとちゃんと、ふんどし＝LOINCLOTHとある。（海）

精神棒【せいしんぼう】 海軍で上級者が下級者や新兵の尻を叩くのに用いる棍棒《こんぼう》のことをいう。

制式の備品ではないから形は隊によってまちまちで、材料は杉や檜《ひのき》、ときには堅い樫《かし》で直径七、八センチ、長さ一メートルほどの棒をツルツルに磨き上げ、しゃれて朱や紫の房をつけたのもある。

裏面に筆で肉太に「軍人精神注入棒」とか「撃ちてし止《や》まん」など戦時スローガンと隊名などを入れているが、これも決まりはない。

陸海軍とも私的制裁は表向き厳禁であったが、このリンチ専用道具は海軍のどこでも見られた。

カラスと呼ばれた新兵が**海兵団**にビクビク入ってくる、あるいは愛国の情に燃えた紅顔の少年志願兵が**予科練**として**練習航空隊**に入ってくると、待ち受けているのがこの精神棒で、ことあるごとに整列させられ、思いきり尻を叩かれる。

何もミスしたり態度が悪かった場合にかぎらず、理屈抜きで海軍精神を注入され、尻には小児斑（蒙古斑《もうこはん》）のほかにもう一つの青あざをつくり、えらい所に来てしまったと悔《く》やんでも後の祭りである。

別名**バッター**の名も本家イギリス出であろう。陸の「びんたを食う」と「バッターを食う」は双璧をなす兵隊語である。

元祖イギリスでは、船乗りは港をうろつくならず者や前科者を集めて水夫や火夫にする歴史があり、貴族出身の士官たちは容赦なく棒で叩くのが通例であったという。ロシア艦隊でも日本海海戦の前、ロジェストヴェンスキー長官が乗員をポカポカなぐったと書かれているから、あながち日本海軍の専売ともいえない。

日本ではさすがに、士官養成の学校や士官によるバッターはなかったから、兵隊だけの風習といってよかろう。

叩かれ方にも一定のフォームがあり、両足を開き両手を上げ、舌を噛《か》まないよう歯を食いしばる。叩く側に具合よく怪我をしない要領である。

はじめは海軍精神の痛さに泣いた新兵たちも、昇進して上級者となるとにわかにこれを肯定し、被害者が一転加害者になって、この悪習は伝統化していった。

この痛みはいつのまにかマゾヒズムのようになって、戦後平和が到来してもう叩かれることもなくなると、妙に陶酔した表情でこの精神棒の味を語るようになる。

乙種予科練一八期で特攻隊員でもあった大野景範氏は、この精神棒教育を礼賛して『日本海軍精神棒』という本を書いた。

目次に〝日本海軍を最強にした精神棒〟〝精神棒で鍛えられた若者たち〟〝現代日本に蘇《よみが》える精神棒〟〝明日の日本を開く精神棒〟と、いずれも勇ましい。内容にも〝若い者は長い文句をいわれるよりは男らしく一発くらって開け（解散）といわれる方が余《よ》っ程《ぽど》スカッとしたものである〟といまなら親たちが目をむくようなことが書いてある。

なかにはバッターの手許《てもと》が狂って、叩き所が悪く重傷を受けたり死んだりすることもある。

私の叔父も三〇半ばすぎの老補充兵として横須賀海兵団に入団し、わずか一週間後に**白木の箱**に入り骨となって家に帰ってきた。

戦病死ということだったが、戦友が声をひそめて〝精神棒の手許が狂って腰骨が折れて死んだ〟と伝えたときの叔母の顔は、〝スカッとしたものである〟とは別の世界の顔であった。

（海） （→海兵団上4・予科練上4）

戦友【せんゆう】

〽ここはお国を何百里……、ではじまる真下飛泉《ましもひせん》作詞の有名な『戦友』は、全一四節の長恨歌だが、その九節目に戦友との出会いがある。

〽思えば去年　船出して
　お国が見えずなった時
　玄界灘に手をにぎり
　名をなのったのが始めにて

軍用船の甲板で知り合い、以後ともに生死を誓って友だちとなったのが戦場の友、つまり戦友なのだが、軍隊の制度としての戦友はまたこれとも違う。

右も左もわからずに入隊してきた**初年兵**には、隣りの寝台に一年先輩の**二年兵**を並ばせて日常起居の生活を通じて軍隊に慣れさせる。

これが**寝台戦友**であり、棟田博の小説『拝啓天皇陛下様』や勝新太郎の映画『兵隊やくざ』などに出てくる気の合った古兵・新兵の関係がそれである。

これがたまたま気が合った同士ならばその先輩・後輩がそのまま長い友情に発展するが、たいていは教育期間が終わると途切れ、やはり気心の合う同年兵の間で真の戦友が生まれてくる。

シンガポール要塞を攻略したときに生まれた軍歌『戦友の遺骨を抱いて』の戦友もこの友だちである。

学校の同窓生や会社の同期生なども戦友仲間なのだが、ときにはライバルともなり友情は芽生えにくい。むしろ長年連れ添って枯れてきた老夫婦などに、戦友の絆《きずな》が感じられるのではないだろうか。（共）

脱柵【だっさく】

柵を脱すると読めば柵や垣根をとり除くことだが、柵から脱すると読んで兵営や軍隊からの脱走や逃亡を意味する。

脱営ではなく柵としたのは、前九年の役の「厨川《くりやがわ》の柵」、後三年の「金沢の柵」のように源平時代の柵は城と同じで、兵営を城とみなした心意気であろう。兵糧《ひょうろう》・行李・脚絆などと同じように、戦国時代から使われつづけていた昔の兵語の一つではないだろうか。

昔、池部良と山口淑子主演の『暁《あかつき》の脱走』という映画があったが、これも軍隊用語に直せば「暁のダッサク」となる。

いつの時代、洋の東西を問わず軍隊からの脱走は普遍的な現象で、これを見過ごすと軍隊の組織は根本から崩れ国の存亡にもかかわってくるので、どこの国でも軍刑法で脱走は厳罰に処される。

いまの日本には軍刑法はなく、自衛隊内の犯罪も一般刑法で裁かれ、脱走も減給などの行政処分だが、明治四一（一九〇八）年四月に施行された陸海軍刑法では、第七章逃亡の罪の章でその罪と罰をきびしく定めている。

「第七五条　故《ゆえ》ナク職役ヲ離レ、又ハ職役ニツカザル者ハ左ノ区別ニ従ッテ処断ス」とあり、敵前では死刑、無期または五年以上の懲役、（将校の場合）禁錮。戦時、軍中、戒厳令下で三日を過ぎた場合は六か月から七年以下の懲役。平時など、その他の場合には、六日を過ぎたときは五年以下の懲役、禁錮となっている。

ふつうの刑法と違う点は、敵を前にしての**敵前逃亡**だと、裁判などにかけずに上官の一存で射殺・死刑にすることもできた。敗戦になって味方が総崩《くず》れになると、兵隊は先を争って逃げ出すが、これを食い止めるには死の恐怖しかなく、敵前逃亡兵の射殺は各国軍隊の不文律である。

平時の兵営からの脱走は脱柵、敵前では敵前逃亡だが、これが脱走して敵陣に逃げこんだりすれば、より重罪の「**奔敵**《ほんてき》」となり文句なしに死刑。よほどの情状があって無期懲役となる。中国北部の戦線で捕虜になったり、時としては信念から共産八路軍に飛び込んだ日本兵が対日本軍宣伝活動に働いていたが、これはりっぱな奔敵行為である。

軍紀のきびしいことで定評ある日本軍でも、たびたび起こったこの脱柵の原因は、実は信念や思想からくるものは少なく、多くは苛酷な内務班の私的制裁に耐えきれず、あるいは郷里の妻子が恋しい、帰営時間に遅れて処罰が怖いといった単純な理由で、ついフラフラと逃げ出したという性質のものだった。

このころの軍の憲兵や警察の能力は抜群であり、兵隊の逃亡の手口や逃走経路、立ち回り先など十分承知しており、すぐに郷里の駅やなじみの遊廓で捕まって短時間で原隊に送り帰された。

これを軍法会議に送れば上官の面子や点数に響くから、その期間が短ければ営倉入りなどの隊内処分で内々にすませた。だが、逃亡期間が長くなったり、しばしば脱柵をくり返したりすると、逮捕—憲兵隊—軍法会議—軍刑務所というコースが待っている。

戦前、監獄と呼ばれた刑務所は基本的人権ゼロに近い真空地帯であったが、軍紀厳正の軍監獄はそれにシンニュウのついた地獄で、逃げ出した原隊が恋しくさえなったほどである。

（陸）　　（→重営倉7・後発航期7）

煙草盆【たばこぼん】　いまはもう見られないが、煙草のみが長い竹の煙管《きせる》の先に刻み煙草を詰めて吸い、その灰をトントンと内張りがブリキの木の煙草盆に落とす風俗はどこでも見られた。

陸軍では煙缶《えんかん》、海軍は煙草盆と呼んだ。海軍ではこれを物質名詞と同時に休憩の代名詞にも使った。

兵舎が木造で火事になりやすい陸軍でも火の用心はやかましかったが、班内には灰皿があり自由時間の喫煙は許されるが、行軍や演習場では灰や煙草の吸い殻はその辺にポイである。

しかし、油や火薬がぎっしり積んである軍艦内ではそうはいかず、喫煙は目の届く範囲内にきびしく管理され、陸軍の初年兵が古兵の目を盗んで便所の中でちょっと一服、とやるようなわけにはいかない。原因不明ということになっているが、煙草の火の不始末で火災を起こして沈んだフネもあったにちがいない。

昭和一八（一九四三）年六月、瀬戸内海柱島沖で謎の爆沈をとげた戦艦「陸奥」にも煙草の不始末説が残っている。

したがって、作業が一段落して「煙草盆出せ」の号令がかかると、休憩で定められた場所に出された煙草盆を囲んでの一服は、兵隊たちのささやかな楽しみであった。（海）

吊床【つりどこ】 海軍兵たちが最初に入団した海兵団、それから配属される艦艇の居住区や廊下に吊った寝床のハンモックは、すべてベッドにとって代わった今では、せいぜい避暑地での優雅な昼寝に使われるぐらいであろう。

戦闘力最優先で設計された日本の軍艦には、士官用はあっても兵にまでベッド・スペースはなく、ハンモックの中だけが彼らの唯一のプライバシーの場であった。

格納棚から麻ひもでくくられて一本になっている吊床を出し、バラして鉤《かぎ》にかけて寝床をつくる吊床おろしと、毛布をたたんで中に収め麻ひもでくくって棚に収める吊床あげの作業は、それぞれ数十秒内に収まるまで何度でもやり直しさせられる新兵泣かせの猛訓練であった。

ハンモックは寝具であると同時に、戦闘中は上甲板に持ち出されて**マントレット**(MANTLET)と称する防弾具ともなる。

敵弾が艦に命中、あるいは至近弾で海中に落ちるとその弾片が激しい勢いで四散して艦体を破り兵員を殺傷する。軍艦は全体が硬い鋼鉄製だから、艦体にぶつかった弾片は跳弾《ちょうだん》となり存続エネルギーがゼロになるまであちこちを跳び回って危険きわまりない。

そのため艦内のハンモックを総動員して司令塔や魚雷発射管、ハッチなどの重要部や装甲の薄い個所にクッションとしてくくりつける。その間はベッドがなくなるから兵たちは堅い甲板でゴロ寝となる。

このハンモックには通し番号が打ってあり、古い軍歴の順に古い番号のハンモックを使うから、兵隊の序列を**ハンモック・ナンバー**(HAMMOCK NUMBER)ともいう。吊床番号といわなかったところに明治のハイカラ調がうかがえる。

海軍士官を養成した兵学校や機関学校・経理学校では、スペースもあり士官でもあるからベッドに寝たが、やはりこのハンモック・ナンバーを使っている。

あるいは明治のはじめには、士官たちにもハンモック生活があったのかもしれない。

同期生には年齢の差はあっても先任・後任の別はないから、彼らのハンモック・ナンバーとは学校での成績順、つまり席次を表わすのに使われる。

封建のなごりが強く残った陸海軍では、実力主義よりも席次主義が昇進や昇格の大きな決め手となり、同じクラスメイトでも長い間に二階級も三階級も開きが出てきた。後世に名を残した大提督たちは、いずれも一けたのハンモック・ナンバーで、現実に即さない作戦指導をしたガリベン秀才も数多い。(海) (↓天保銭6)

点呼【てんこ】 兵営や軍艦の中で行なわれる人員検査のこと。陸軍では朝食前の**日朝**《につちよう》点呼と寝る前の**日夕**《につせき》点呼の二回あり、海軍では夜の**巡検**《じゆんけん》のときに行なう。

この日朝・日夕点呼は、現在自衛隊に残っている数少ない旧軍語の一つで、語源についてははっきりしないが、中国渡来の古語であろう。

内務令で定める点呼とは、兵を一場所に集めて必要な事項を伝え、人員・服装・健康状態を点検するとなっているが、日本軍での実質的な目的は全員そろっているかどうか、つまり脱走者がいないかどうかの確認である。

一般的に兵営からの脱走は人の寝静まった深夜に実行される。日夕点呼や巡検後の古兵たちの新兵シゴキは軍隊では日常茶飯事だったが、気の弱い新兵の中には矢《や》も楯《たて》もたまらずに塀を乗り越えて脱柵した者もある。

防犯防火と歩哨の訓練をかねて一晩中**木銃**を持った不寝番がいて見張っているのだがそれでも脱走があり、夜中ならば**非常呼集**がかかって**総員起こし**となり、便所(軍隊では厠《かわや》)から馬小屋までくまなく探す。それでも見つからないと捜査隊が四方八方に散って探しまくる。だから日夕よりも日朝点呼はより重要であった。

まず点呼のラッパが鳴ると、**内務班**の廊下（日朝は屋外）に班員が並び**週番士官**が週番下士官を従えてくるのを待つ。

紅白のたすきを肩からかけた週番士官が来ると、班長は〝気をつけ〟の号令をかけ、「〇班、総員〇名、事故〇名、現在員〇名、事故は当番一、外出一、異常ありません」と報告し、番号の号令で各員が一、二、三、四……と大声で通し番号を叫ぶというのがパターンである。

各隊からの報告を集めて週番士官は、部隊の全員に異常のないことを確認し週番司令に報告するが、ここでいう異常とは脱走者がいないことを意味する。ラッパの覚え方の中で、〝点呼だ、点呼だ、週番下士、週番士官に報告したか、まだか〟はこのあたりを指す。

この朝夕点呼の他に、抜き打ちで行なう臨時の**不時**《ふじ》**点呼**や、入隊しない**未教育兵**や除隊後の**在郷軍人**を年一回だけ点検する**簡閲**《かんえつ》**点呼**もある。（共）

（→内務班7・びんた7・喇叭5）

内務班【ないむはん】

どこの国の軍隊でも兵隊は兵営内に住み、士官や所帯持

陸軍の兵営で就寝前に行なわれる「日夕点呼」

ちの下士官は自宅や宿舎から通勤するが、日本陸軍ではこの兵営内の生活を**内務**といった。逆の外務はない。

内務班は兵営の中で兵隊が寝起きする最小のユニットで、「**軍隊内務令**」というマニュアルには「兵営ハ軍人ノ本義ニ基《もとづ》キ、死生苦楽ヲ共ニスル軍人ノ家庭ニシテ兵営生活ノ要ハ起居ノ間、軍人精神ヲ涵養シ軍紀ニ慣熟セシメ強固ナル団結ヲ完成スルニアル」とある。板敷きの大部屋の真ん中に長い机、両側にわら布団のベッドが並び、**新兵・古兵**合わせて二〇人ほどの若者たちが寝起きする。

ここが寝室であり、食堂であり、兵器手入れ室であり、休養室でもあった。雨で**教練**がないときは教室となり、班長が教師となって**教範**類や精神訓話、兵器の取り扱いなどを教える。当時、貧農出身の兵の中には小学校もロクに出ていない者も多かったので読み書き算術、挨拶《あいさつ》の仕方から箸《はし》の上げ下ろしまで教え、寺子屋のような役割りもあった。軍隊で字を覚えてきた、と親が喜ぶ時代でもあった。

平時の兵営内の単位は連隊―中隊―班で、連隊長は年一度の**軍旗祭**で遠くから顔を見るぐらいの雲の上の人、間近の上官は中隊長と班長である。

新兵が入ってくると、〝中隊長を父、班長を兄と思ってよく教えに従い何事も相談するように……〟と心得《こころえ》をさとされるが、**予備役兵**や**補充兵**などの年輩には父や兄のほうが年下だったりする。

この内務班長は下士官の**軍曹**や古参の**伍長**が務める最下級の管理職で、判任官という武官であるが、やがて昇進して責任官になると従《じゅ》八位《い》の叙位もされている。

いざ戦争となると連隊は、連隊―大隊―中隊―小隊―**分隊**と衣替えする。班は分解されて分隊となり一班一〇数人で一分隊、四個分隊で小隊となる。班長はそのまま分隊長に横すべりするので、読み書きを教わった直《じき》弟子の兵は戦地でも分隊長を〝班長、班長〟とたよりにした。

話を内務班の生活に戻すと、夕食後の**点呼**がすんで班長が自分の部屋に戻ると、この部屋はがぜん様変わりし、古参兵の新兵いじめの地獄に変わる。建て前は〝軍人精神の涵養《かんよう》〟であり、実態はうっ積した青春エネルギーの代謝である。

〽乾パンかじる暇もなく消灯ラッパは鳴りひびく　五尺の寝台　わら布団　ここが我等の夢の床……、と読み人知らずの兵隊小唄にあるように内務班は軍隊体験者のホロ苦い思い出の場であった。

海軍にも班はあるが、内務班にあたる兵の生活の場は**居住区**で、中身は陸軍と似たりよったりであった。

自衛隊の隊員室は基地や部隊で異なるが、入隊間もない若い士は六～四人部屋、古参の士や曹は三～二人部屋が一

演習終了後、内務班に戻るとまず兵器の手入れを行なう

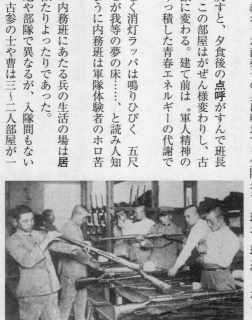

般的である。団結と教育の効果を狙っているのは旧軍隊と同じで、現在の陸上自衛隊では営内班といい海自や空自では昔ながらの内務班という名称が引き継がれている。私的制裁の悪習は絶滅した。そんなことをしたら隊員はその日のうちに全員辞めてしまうだろう。

日本軍を外国の軍隊や自衛隊と比較していかにも兵営生活が殺伐で野蛮なように伝えられているが、これはその時代の思想や教育、生活ことに民度のまったく異なった下駄《げた》の揃《そろ》わない比較で酷であろう。

明治から昭和初期にかけての日本の社会集団には、いたる所に大小の内務班的ムードが充満していたといえよう。（陸）（→びんた7・点呼7）

廃兵【はいへい】 近代兵器が登場した日露戦争では、その前の日清戦争をはるかに上回る約六万人の戦死者と三万七〇〇〇人の戦傷・戦病者を出した。家族の嘆《なげ》きをよそに戦死してしまえばそれで終わりだが、戦傷・戦病者は戦いの終わったあとも重いハンディキャップとともに生きていかなければならない。それでも傷が治って社会復帰ができればよいほうで、手足を失い、盲目・聾唖《ろうあ》となって家業につけず兵籍からも除籍された元兵士が「廃兵」と呼ばれた。

当時の本には「すなわち兵役を免除せられ、恩給を給せられ、静かに余生を送る名誉ある国民なり」と書かれているが、軍隊から見ればもう使いものにならず、廃品回収や廃物利用のように人間を品物に見たてた冷たい言葉である。

これだけの身障者が一度に出て、それも生活に困っては軍の威信、兵の士気にもかかわるので、日露戦争の翌明治三九（一九〇五）年に東京・渋谷に「廃兵院」という施設がつくられた。

無職の戦傷者には手仕事を教えて生計の道をつけ、四肢を失ったり脳障害で意識を失った重傷者を一生涯保護する収容所である。職業軍人の傷病将校には、十分な恩給加算と傷病一時金が出るから「廃兵院」に入る必要はない。

パリを訪れ観光バスに乗った日本人観光客が、ナポレオン皇帝の棺が安置されているアンバリッド（HOTEL DES INVALIDES）に行くと、ガイドが〝ここはルイ一四世が建てた廃兵院でございます……〟などと説明しているが、はたして判ってしゃべっているのだろうか。

国が恩給を出したり手内職を教えたりしても、いつの時代でも障害者の生活の道はけわしく、戦後の不景気もあって廃兵たちのなかには行商人や立ち売りを身すぎ世すぎの術《すべ》とする者もあった。そのなかに廃兵特有の「オイッチニの薬屋」もあった。古い軍帽・軍服姿で肩から薬箱をさげ、看板の旗を背に差し、手風琴《てふうきん》（アコーディオン）で歌を歌いながら町から村へ薬を売って歩いた。そのコマーシャル・ソングは何節かあり、節尾に「オイッチニ、オイッチニ（一、二）」のリフレインがあるためにその名があり、ある時代の風物詩でもあった。

昭和六（一九三一）年、満州事変が起こり情勢が緊迫してくると、さすがに廃兵では具合が悪くなり、改められて「**傷痍軍人**《しょうい》」となった。傷も痍もどちらもキズのこと。まもなく日中戦争に入ると、いつ果てるともない戦争の結果、むかし廃兵、いま傷痍軍人が次つぎと生まれ、軍も戦争継続のためその対策に本腰を入れるようになる。廃兵院は陸軍省から厚生省に移されて「傷兵保護院」から「軍事保護院」に変貌する。

傷痍軍人は軍主導の戦時下では〝オイッチニの薬屋〟などのような哀れな存在ではなく、新しくデザインされた楯と古代武人の「傷痍記章」を胸に輝かせ、職業訓練や職業紹介、あるいは煙草屋の開業まで優先的に扱われ、鉄道運賃は無料、税金は半減といった手厚い特権もあった。

さらに戦争がエスカレートしてくると、軽い戦傷者にも軍人への再役や**軍属**への召集がかかり、残った**在郷軍人**も地域の中核となって戦争に協力した。内地に成人男子が不足してくると、片腕のない警防団幹部や松葉杖をついた隣組長もいた。

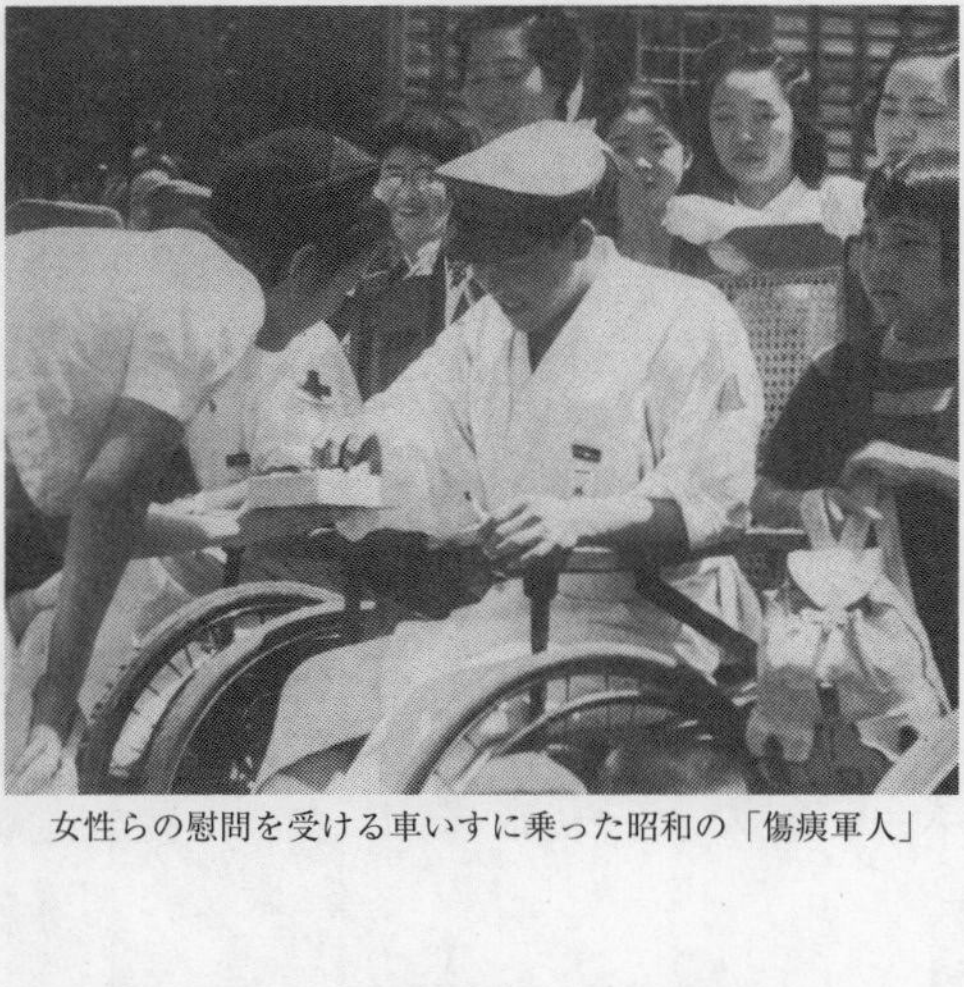
女性らの慰問を受ける車いすに乗った昭和の「傷痍軍人」

戦争の末期にはついに**本土決戦**の段階となり、明治以来の兵役法の最後の改正が行なわれた。すべての日本の成人男子は**国民義勇兵**という兵士になり、住む土地の**郷土防衛隊**に組み込まれた。廃兵は国内には一人もいなかったことになる。

それからわずか半年後、敗戦と同時に軍に関する法律や組織のすべてが崩壊して消滅した。軍事保護法も廃止されたため、数十万の名誉ある傷痍軍人はいなくなり、同時に国の保護を受けられない同じ数の身体障害者が出現する。昭和二七（一九五二）年に「戦傷病者援護法」がふたたび施行されるまでの七年間が、元傷痍軍人たちにとって最も辛い日々であった。

終戦直後の盛り場は闇市と喧騒の巷《ちまた》であったが、その町角にアコーディオンを弾きながら物を乞う元傷痍軍人の姿があった。戦闘帽をかぶり、白い傷病衣を着流し、義手で曲を奏でながら『暁に祈る』や『麦と兵隊』などの軍歌を歌う姿は歌を売っているとはいえ物乞いの姿であり、敗戦を痛感させられる風景でもあった。

終戦時の混乱が収まってくるにつれて、こういった風景もなくなっていくが、東京のあちこちの盛り場では、昭和三〇（一九五五）年ごろまでその姿を見かけることがあった。たしかに義手・義足ではあるが、栄養が行き届いて血色もよく、ちょっと突っ込んだ質問をすると答えはいつも曖昧《あいまい》で、偽《にせ》傷痍軍人の噂《うわさ》が立ったものだ。これも無残な敗戦の結果かと思っていたところ、兵語辞典に次のような記述があった。

「近頃、東京付近に出没して薬品、又は日常品を押し売りせんとする自称廃兵中には、戦場または公傷のため廃人となれるもの少なく、多くはそれ以外の不具人にして真の廃兵に紛《まぎ》れてかかる不時不埒《ふらち》なる販売行為を行うものあり」（原文ママ）

戦争の勝敗に関係なく、いつの時代でも恵まれない者はせいいっぱいの生き方をする。

（民）

びんた　この漢字は「鬢打」である。「鬢《びん》」は頭の左右の髪の毛のことで、二四画もある字は消え去ったが、〝びんつけ油〟や〝びんのほつれ〟などの言葉は生き残っている。

この髪の付け根のあたりを打つのだから、本来は殴打《おうだ》や強打と同じく〝びんだ〟が正しい。ときとしてピンタと訛って使われることもある。

平手で他人の顔面を叩くことを〝横っ面《つら》を張《は》る〟といい、相撲の「張り手」もその一つ。ところが、びんたの場合は叩くでも張るでもない、食うという動詞がつき、自動詞はびんたを食らわせる、であり他動詞はびんたを食う、あるいはびんたを食らうとなる。

兵営内は極端なタテ社会で、上級者から下級者への制裁はそのまま、びんたを食らわせるが、下級者の表現は、びんたを頂いた、頂戴したとなる。かりにも食った、もらったなどと目の前でいおうものなら、さらに増幅したびんたを頂戴することになる。

それどころか、叩いた上級者に〝有難くありました〟と礼を述べなければならない。自分の欠陥を指摘して資質の向上に協力してくださってありがたいという謝辞である。

いかにも卑屈な情景だが、いまでも注意された部下が〝ありがとうございました〟とでも礼をいえば、〝なかなか素直で見所がある若者だ〟と好評であろう。時代を超えた弱い者の知恵である。

蛇足ながら、今いった〝有難くあります〟が〝有難うございます〟でないのは軍隊語の特徴で、形容詞プラス助動詞の形で使われ、〝嬉しくあります〟〝楽しくあります〟から、ときには〝面白くなくあります〟などと、もって回った言い回しにもなる。

一説には、日本陸軍の中心となった長州の方言ともいわれるが、薩摩の海軍も同じであり、いちがいに片づけられない。

話をもとに戻すと、このびんたによる制裁は何の道具もいらず最も簡単・直接的・即効的な手法であったから、何も軍隊にかぎらず戦前は日本の各階層・各職種に見られた日常的な現象であった。

ことに躾《しつけ》をやかましくいう学校などの教育機関や商店・工場・職人の徒弟制度ではあたり前のことで、小学校で先生が児童に、商店で主人が小僧に、親方が弟子にビシビシとびんたを食わせた。

単発はただのびんただが、一つの手で左面を叩き掌を返して右面を叩くと「**往復びんた**」、グループで連帯責任をとらせるために、二列に並んでたがいに叩かせるのが「対抗びんた」となる。仲間の気やすさから手心を加えると、目ざとく見つけた監視者の本物のびんたが横から飛んできた。「飛ぶ、張るもびんたにつづく動詞の一つである。

同じ軍隊でも海軍に行くと、このびんたは「**バッチ**」、または「アゴをとる」となる。バッチは、罰直の略で**精神棒**もふくめた制裁全般を指している。

海軍でも**兵学校**や**機関学校**などの幹部養成学校になると、このびんたの呼び方も少々高級となって、「**修正**」となる。欠陥部分を補正する意味だが、びんたであろうが修正であろうが、その痛みは同じである。

国内ではめずらしくもなく日常茶飯事であったこのびんたも、戦争に入って外国で外国人に行なわれると思いもかけない結果をもたらす。兵隊たちは国内と同じように、なんのためらいもなく捕虜や現地人にびんたを食わせた。罪人ですら殴打が禁止されてきた欧米人にとっては、明らかに肉体的な暴行・虐待であり、首から上の殴打《おうだ》を恥辱とする習慣のある中国人・ビルマ人・フィリピン人などにとっては、人前で殴《なぐ》られることは面子《めんつ》丸つぶれの大事件である。捕虜を一発殴って死刑となった戦争犯罪裁判もあり、村長にびんたを張って村全体が反日ゲリラに寝返った例もあった。

殴り殴られつけていた日本人にとってなんでもない行動が、**大東亜共栄圏**崩壊の一因となろうとは、当時の日本人の誰が想像したであろうか。（共）（↓精神棒7）

物干場【ぶっかんば】　天気がよいと兵営も世間と同じように洗濯場はにぎわいを見せる。自給自足の軍隊でも、洗濯は初年兵の受け持ちで古兵の褌《ふんどし》まで洗わされることもある。物干しに掛けておいた洗濯物が〝**員数合わせ**〟で他の中隊や班の兵隊に盗られないように見張るのも初年兵の仕事である。

世間では竹竿に洗濯物がひるがえる物干《ものほ》し、物干場《ものほしば》なのだが、どういうわけか軍隊ではぶっかんばとなる。戦時中に中国の海軍航空基地で働いていた私の友人が、この重箱読みが気になって近くの陸軍部隊を回って、ぶっかんばなのかぶっかんじょうなのかと調べたことがある。よほどのんきな戦場だったと見えるが、答えはいずれも正解で、部隊によってマチマチだったから、どちらでもよかったのだろう。

同じような例では、顔を洗う洗面器が面洗器、あぶらの油脂が脂油、熱の出る発熱を熱発《ねっぱつ》とひっくり返して使い、肋膜炎《ろくまくえん》も胸膜炎となっていた。熱発は、軍隊に限らない医学用語なのかと、発熱して医者に見てもらうついでに発熱か熱発かを尋ねたら「どっちでもいいですよ」と物干場と同じ答えが返ってきた。世の中だんだんとファジーとなってきて、言葉の厳密さなどいらなくなってしまったのだろう。

用語の面で何かと娑婆《しゃば》と一線を画したかった日本軍隊は、世間で使うねじ回しをわざわざ「駐螺廻《ちゅうらまわ》し」と言い換える。ねじなどといっては軍隊の権威にかかわるといったムードがにじみ出ている。

同じように、工具のプライヤーを「蟹爪《かにつめ》ペンチ」、ボックススパナーを「冠《かんむり》スパナー」などと称する。外来語追放で新しい用語をつくったというならば、どうしてペンチやスパナーは残っているのだろうか。中途半端な造語といえよう。（陸）　（↓員数7・厠7）

兵営【へいえい】

いまの日本には、隊員はいても兵隊はいないから兵隊が寝起きする兵営は一か所もない。

この四角い塀のなかに住み、暮らし、学び、働く二年間の汗と涙の兵営生活が平和時の軍隊生活そのものであった。いわば全寮制の集団生活で、将校や下士官などは日が暮れると官舎や下宿の「**営外居住**」に帰っていく。

明治の初期には、藩兵時代の言葉を引きずって「屯所《とんしょ》」「屯営」「営所」などを使っていたが、鎮台から師団に変わった時期に兵営となる。〝屯《たむろ》する〟など古いと思っていたら、日本軍が解体されて自衛隊に変わると兵の字が使えなくなり、また屯が復活して駐屯地となった。

軍歌の『**歩兵の本領**』は旧制第一高等学校の寮歌『征露歌《せいろか》』やメーデーに歌われる労働歌『立て万国の労働者』とまったく同じメロディで、おそらく最も多く日本の青年になじまれた旋律だが、そのなかに、

〽軍旗まもる武士《もののふ》は
すべてその数二十万
八十余ヶ所にたむろして――（加藤明勝・作詞）

とある「八十余ヶ所」は日本内地をはじめ、朝鮮・台湾・樺太（サハリン）・満州（現中国東北部）に分散配備された連隊・大隊などの兵営である。

この兵営にある建物の標準モデルは、まず中心に**菊の御紋章**を輝かせた部隊本部、兵隊たちの寝起きする兵舎、軍馬がつながれた厩《うまや》、砲を格納してある**砲廠**《ほうしょう》、車輌用の**車廠**、軍医のいる医務室、兵器や装備を修理する工場、兵営の門の営門のそばにある**衛兵所**、面会所、軍規違反者の禁錮室である**営倉**、兵隊の楽しみの場である**酒保**、浴場等々のほか、集会所・倉

庫・炊事場・物干場（洗濯物）ほか数千人の若者集団が生活していくすべてがある。いまの駐屯地にあるテニスコートやプールなどとは無縁である。

兵営の建物の大半を占めるのは中隊ごとに建てられた兵舎で、中隊長室、下士官室の小部屋と班ごとに仕切られた兵隊の住む大部屋の兵室があるが、この兵室こそ「**内務班**」と呼ばれた兵士たちの家で、建軍以来、悲喜こもごものエピソードを生み出した舞台である。

ここに並んだベッドが〽五尺の寝台　わら袋団《ぶとん》　ここが我等の夢の床、と兵隊歌にある初年兵の最後の休息場なのだが、集団生活である以上は怖い古兵たちや不寝番の監視の目にさらされ、結局プライバシーは唯一、一人になれる厠《かわや》（便所）の中だけとなる。

この兵営から訓練や演習に出動すると、五尺の寝台わらぶとんに別れを告げてねぐらは別なところになる。

演習場に設けられた宿泊施設は「**廠舎**《しょうしゃ》」で、兵舎と同じような木造の建物がずらりと並び兵隊の仮り寝の宿となった。国民皆兵の時代には、学生に軍事訓練をほどこす**学校教練**が必修科目だったが、ときには中学生や大学生たちも小銃を担いで軍の演習場まで行軍し、兵隊ごっこをすることもあった。そのときもこの廠舎のお世話になる。

東京の学生たちは夜行軍で遠く静岡県の板妻《いたづま》廠舎（現陸上自衛隊板妻駐屯地）や習志野廠舎（現習志野演習場）まで泊まりがけの教練に出かけたが、帰りには体いっぱいにのみやしらみを背負って戻ってきた。

部隊総出の大演習ともなると演習地も広大となり、兵隊たちは分散して地元の民家に泊めてもらう。これが「**舎営**」で、村中に泊まれば「村落舎営」となる。

古兵たちも兵営を離れればおおらかとなり、非常時ニッポンでは兵隊のもて方もたいへんなもので村中総出で大歓待される。おじさんは兵隊さんご苦労さんと酒をつぎ、おばさんは腕を振るって家庭料理をご馳走してくれる。うまくいけば村娘と仲よしになって文通から除隊後の結婚まで発展することもありうる。舎営は家庭の匂いに飢えた若者たちにはオアシスとなった。

演習地が村落から離れていると山野に野宿する「**露営**《ろえい》」となる。天幕《テント》を張って幕舎を作り「**幕営**《ばくえい》」し、食事も「飯盒炊さん《はんごうすい》」で自前で作って食べなければならない。季節がよければ虫の声を聞きながら空いっぱいの星を眺める開放感も味わえるが、戦場での露営は、

〽いくさする身はかねてから
　捨てる覚悟でいるものを
　鳴いてくれるな草の虫
　東洋平和のためならば
　なんで命が惜しかろう（『露営の歌』藪内喜一郎・作詞／古関裕而・作曲）

のように悲愴感が漂ってくる。明日の命もわからぬ兵隊たちにとって、星の輝き虫の声もひとしおの感慨であろう（自衛隊では「野営」となって使われている）。

戦争が受け身になり空襲が激しくなってくると、兵営には爆風よけの土嚢《どのう》が積まれ、窓にはガラスの破片が飛散しないように紙テープが張られるが、前線の駐屯地や航空基地では兵

舎も半分地下に隠れて「壕舎《ごうしゃ》」となる。爆風から守るために屋根も角度をつけたため遠目には三角に見えて「**三角兵舎**」の名も生まれた。（陸）（→衛戍7・内務班7）

兵隊【へいたい】　戦前の小学校一年生の国語教科書『ヨミカタ』の一ページ目は、「サイタサイタ　サクラガサイタ」であり、次の「コイコイ　シロコイ」につづいて、「ススメ　ススメ　ヘイタイ　ススメ」が出てくる。兵隊が初等教育の三番目に出てくることで、当時の軍国主義の風潮がよくわかる。

昔の兵語辞典には「軍隊の別称、俗に兵卒個人を兵隊と称すれども隊伍を組みたる軍人ならでは真の意味名称ならず」とあり、兵隊は軍人や兵士のことではなく、グループとなった複数の将兵、つまり軍隊のことだが、実際には「兵隊のときに……」とか「おい、そこの兵隊！」とか兵士の代名詞の俗称のほうが通用した。仲間たちで割り勘《わかん》をする「兵隊勘定」は、おじいさんたちの間ではまだ生きている。

日本は国民皆兵の徴兵制だったから、兵士である兵隊はそこら中にいて、兵隊さんと呼ばれ親しまれていた。電車賃も遊廓も金のない兵隊さんは半額、戦果でも挙がると映画館などはタダとなり、兵隊さんは大いにもてた。

ひとくちに軍人といっても将校・下士官は武官であるから、兵隊さんは下級兵士に限られるが、国民は無頓着《むとんちゃく》に軍刀・長靴の将校以外は下士官もひとからげに兵隊さんであった。海軍の場合は「海軍さん」になったり、「水兵さん」になったりする。

素朴な男の子たちには兵隊さんは人気があり、『兵隊さん』という童謡もあった。

〽鉄砲かついだ兵隊さん　足並揃えて　あるいてる　トットコトットコ　あるいてる　兵隊さんは　きれいだな　兵隊さんは大好きだ

戦争が始まり、兵士たちの戦線での苦労が伝わってくると、兵士に感謝する歌『兵隊さんよありがとう』というのが小学校で歌われた。

〽肩をならべて兄さんと　今日も学校へ行けるのは　兵隊さんのおかげです　お国のために戦った　兵隊さんのおかげです（橋本善三郎・作詞／佐々木すぐる・作曲）（中略）

まったく死語と化した言葉に「**兵卒**《へいそつ》」がある。明治・大正時代の陸軍の階級は下士官の伍長の下は兵の上等兵・一等卒・二等卒で、正確には兵は上等兵だけであり、それ以下は兵でなく卒《そつ》であった。その両方を合わせた兵卒が民間出身兵とされ、その上の伍長からは判任官となり武官という役人となる。

内容は兵隊も兵卒も同じなのだが、封建制のなごりで兵と卒との間に階級差をつけたのであろう。下士官もその伝でいえば、足軽頭《がしら》で武士ではない。大正の末には、弊害も出てきたのですべてが兵に改められた。

現在の自衛隊は軍隊ではないことになっているから隊員はいても兵隊は一人もいない。一等陸士はいるが一等兵はいない。ついでにいえば、自衛隊を歌う童謡もないし感謝の歌もない。（共）

満期操典【まんきそうてん】　満期は平時、陸軍二年・海軍三年の兵役の義務年限が満了すること、操典は『**歩兵操典**』のように兵隊のマニュアルブックのことだが、この「満期操典」は歌の題名であって、そんな名称の典範令はない。

世間から遮断された兵舎のなかには自由やプライバシーはほとんどなく、激しい労働や訓練のうえに上官や古兵たちの締めつけもきびしく、いつも若者たちの欲求不満が渦まいている。軍病院の看護婦以外には女気のない男だけの閉鎖社会だからいっそうであろう。外出したときに酒を飲んだり女郎買いをしてストレスを解消するが、兵営内での娯楽は皆無に近い。

古兵たちには陰湿なサディズムを満足させる私的制裁もわずかな娯楽の一つであり、**初年兵**に柱を抱かせてミンミン鳴かせる「せみ」や、銃架を格子窓に見立てて客を呼ばせる「おいらん」など考えられたシナリオや振付《ふりつ》けで暇を楽しむ。人格を踏みつけにするこの種の私的制裁は、古兵には遊戯であっても初年兵には屈辱に満ちたいじめであった。

もっとも単純な娯楽は歌で、兵隊仲間だけで歌われる兵隊歌は士気を高める軍歌とは別なストレス解消の効果があった。軍歌が**行軍**や**演習**の際に野外で歌われるのに対して、将校や下士官のいない部屋のなかで歌われたために**営内歌**ともいわれ、戦後は**兵隊ソング**といったジャンルに入れられている。

楽譜も歌集もなく、古兵から新兵へ口から口へ伝えられてきたもので、戦後版の軍歌レコードや軍歌集からもはじかれているから、やがては体験者の物故とともに消え去っていく運命にある。

そのいくつかを残しておこう。

『軍隊小唄』

〽いやじゃありませんか軍隊は
カネのおわんに竹のはし
仏さままでもあるまいし
一ぜん飯とは情けなや

『初年兵哀歌』別名『可愛いスーチャン』

〽お国のためとはいいながら
人の嫌がる軍隊へ
志願で出てくるバカもいる
可愛いスーチャンと泣き別れ

『青島《チンタオ》節』別名『ナッチョラン節』

〽下士官のそば行きゃメンコ臭い

伍長勤務ァ生意気で
いきな上等兵にゃ金がない
可愛い新兵さんにゃ暇がない
ナッチョラン

『四季の歌』
〽春は嬉しや
一人ションボリ歩哨に立てば
花見帰りの女学生
それに見とれて欠礼すりゃ
チョイト三日間の重営倉
コリャコリャ

『数え歌　一』
〽一つとせ　人も好きずき水仙《すいせん》の
花よりきれいな花子さん　花子さんよ

『数え歌　二』

石の門柱に木造２階建て兵舎が並ぶ典型的な連隊の兵営

〽一つとせ　人の嫌がる軍隊へ
　志願で出てくるバカもある
　再役するよなバカもある
　　トコシャン

『海軍小唄』別名『ズンドコ節』
〽汽車の窓から手をにぎり
　送ってくれた人よりも
　ホームの陰で泣いていた
　可愛いあの娘が忘られぬ
　トコズンドコ　ズンドコ

などなど数多いが、いずれも将校の目の前では歌えない兵隊のアングラ（アンダーグラウンド）ソングである。

兵隊歌といっても、入隊したての新兵などが鼻歌まじりで口にでもすれば〝まだ早い〟とブンなぐられるが、やがて時がたてば古兵・新兵いっしょになってのど自慢大会となる。

これらの歌の文句は一見して軍隊嫌悪の反戦歌のように見えるが、それほど深刻なものではなく、自嘲ムードにひたりながらひとしきり歌ってストレスが解消したあとは、またケロりとして仕事に戻る。『満期操典』（あるいは『満期小唄』）もこれら兵隊歌のなかの一つで、七・五調で延々とつづく長い叙事詩に明治初期の『のぞきからくり』の説明メロディをつけて歌われていく。

題名は歌詞の最後の、

〽こわい古兵が満期すりゃ

見送る我らが胸の内

やがて新兵さんも二年兵

からきているが、古兵も新兵もこの歌を歌いながら満期のくるのを一日千秋の思いで指折り数えていたのであろう。いじめる側といじめられる側には共通の思いがあった。

いつから歌われているのか、またつくったのは誰かはいっさい不明だが、『悲しき戦記』の作者・伊藤桂一氏は〝明治の兵営や、大正の初期には歌われていなかった。大正末期か、昭和初期の感覚のように思われる〟と述べている。

昔から歌いつがれてきたといっても、新兵には歌詞をメモするゆとりなどなく、『古事記』の稗田阿礼《ひえだのあれ》のように耳でこの長い歌詞を覚えていった。

知人の軍隊体験者も〝**軍人勅諭**と**戦陣訓**はどんなにしごかれても最後まで覚えられませんでしたが、この歌だけはアッという間に覚えてしまいました。そんなに長かったですかねえ〟と笑っていた。

他の兵営内の風習と同じように、この歌も大筋には変わりがないが、全国に散在した各連隊ごとに少しずつローカル色が出ている。

いま記録されているいくつかの歌詞のなかから二つだけえらんで比較してみよう。

上段は、昭和一七（一九四二）年、京都伏見の輜重兵第一六連隊に入営し、フィリピンのルソン島で戦った関岡幸之助氏、下段は昭和一三（一九三八）年、千葉習志野の騎兵第一六連隊に入営したあと騎兵第四一連隊に移り中国各地を転戦した、作家の伊藤桂一氏のご協力によるもの。二つの歌詞の本筋は大同小異だが、連隊番号や地名の点で固有の歌となっている。

『新兵哀歌の巻』

文明開化の世の中で
軍隊生活知らないか
知らなきゃ私が説明する
娘十八花ざかり
男二十は徴兵検査
大和男子《やまとおのこ》と生まれたら
受けねばならぬこの検査
親に甲斐性がないせいか

文明開化の世の中に
軍隊生活知らないか
知らなきゃ教えてあげましょう
男二十一（※1）徴兵検査
あまた壮丁ある中で
蝶よ花よとよりぬかれ
働き盛りのこの俺が
神の御加護のある故か

役場の親切足りないか
あまた壮丁《そうてい》（※2）のあるなかで
甲種合格三番で
何が花やら桜やら
六、七月も早や過ぎて
八月蟬《せみ》のなき別れ
十一月となったなら
現役召書（※3）がおりてきて
師走の風も身に沁《し》みる
明《あ》くれば一月十日には
旗やのぼりのその中を
親兄弟に生き別れ
着いた処《ところ》は深草（※4）の
輜重十六連隊へ

鬼が出るか蛇《じゃ》が出るか
かねて噂に聞いたけど
今に見るのは初めてぞ

役場の親切とどいてか
親の念願叶わぬか
彼女の想いが足りないか
騎兵甲種に合格し
二年の懲役長すぎる
五月、六月、早や過ぎて
七、八月は夢の間に
九月は蟬《せみ》の鳴き別れ
十月木の葉の落ちる頃
十一、十二は神詣《かんまい》り
明ければ一月十日には
親兄弟と生き別れ
可愛い彼女と泣き別れ
多くの人に見送られ
汽車や電車に乗せられて
着いた所が津田沼の
鬼の住むよな習志野の（※5）
騎兵十六連隊に

内務係の准尉殿
いとこまごまと軍隊の
注意事項が述べられて
着いた処が内務班
入営したるその日より
軍服姿に身をやつし
軍服姿はよいけれど
五尺に余る大丈夫《ますらお》が
朝も早よから起こされて
中隊舎前（※8）に整列し
内務班長が点呼とり
点呼終われば班内で
人も嫌がる拭き掃除
掃除終われば武器手入れ
食事もすまぬそのうちに
週番下士（※9）のドラ声で
今日の整列八時半
八時半になったなら

入営したる明日からは
朝は早うから起こされて
寝藁《ねわら》出しやら馬手《うまて》入《い》れ（※6）
寝藁入れとはよいけれど
五尺に余る益良《ますら》夫《お》が
肩にかけたる手拭《てぬぐい》の
乾く間もなく暇もなし
知らないお方にタコつられ（※7）
涙の乾く暇もなし

八時のラッパで飯を食い
食うや食わずで呼集され
五尺有余の益良夫が
四角四面の営庭で
右向け左向け回れ右
東を向いては捧《ささ》げ銃《つつ》
西を向いては担《にな》え銃《つつ》

中隊舎前に整列し
内務班長の号令で
小隊長に敬礼し
小隊長の号令で
中隊長に敬礼し
中隊指揮する中隊長
小隊指揮する小隊長
右向け右の号令で
四列縦隊隊伍（※10）とり
衛門さして進みゆく
衛門出る時歩調とれ
衛門出たら歩調やめ
速足《はやあし》徒足《なみあし》駆足《かけあし》で
着いた処は練兵場（※11）
練兵場に着いたなら
今や演習の真最中
気をつけ休め担《にな》え銃《つつ》
各個教練でしぼられて

各個教練しぼられる

七月八月なるなれば
こわい准尉の勤務割
炊事当番御苦労だ
飯あげ飯たき飯ふかし
大根切るのも国のため

やがて戦闘教練で
敵前三百着《つ》け剣し
突撃命令突込んで
敵を求めて突撃す
月は無情と言うけれど
ここは月よりなお無情
朝は六時の起床から
夜は八時の点呼まで
軍務に精励致すけど
何が不足で古年兵
ビンタビンタの連続に
可愛い新兵さんは今日も泣く
一月二月早や過ぎて
一期の検閲終わるころ
庭の桜もいつしかに
チラリホラリと咲きそめて
可愛い新兵さんに春が来る
一期の検閲二期三期

兵営の洗濯場。洗濯は初年兵の受け持ちで古兵のふんどしまで洗わされる

秋期の演習も終わる頃
こわい古年兵が満期すりゃ
見送る我等の胸の内
やがて新兵さんも二年兵

（陸）（↓典範令上4・スーちゃん8）

〈注〉
※1　関岡資料は満年齢、伊藤資料は数え年。
※2　成人男子。わかもの。とくに兵役に従う青壮年を指す。
※3　現役召書。現文のママ。正しくは現役証書。
※4　輸送を任務とする輜重兵第十六連隊の所在地。現在の京都市伏見区深草地区。
※5　騎兵第十六連隊の所在地。現在の千葉県船橋市薬円台。
※6　騎兵なので、寝わらを取り替えるなど軍馬の手入れを第一にする。
※7　小言をいわれて。
※8　しゃぜん。兵舎の前の庭。
※9　週番下士官。
※10　隊列。
※11　演習場。

めんこ

もう見られなくなってしまったが、子供たちの路上ゲームの一つに〝めんこ遊び〟があった。目いっぱいはでな絵柄の丸い厚手のボール紙を地面に叩きつけて、相手のめんこを引っくり返して取り合う遊びで、「面子」の当て字がある。

軍隊のめんこは、それとは違って麦飯を盛るアルミ製、金属が不足した戦争末期になると陶器製の茶碗《ちゃわん》のことで、漢字では「飯盒」、「飯子」などの通説があるが、やがて兵隊俗語のいい、めんことなった。

俗語の語源を詮索するのは野暮なことだが、丸い形から子供の面子にダブらせたとか、名詞になんでも「こ」をつける東北の方言からきたものとか、いろいろ想像力を刺激させる。味気ないアルミ茶碗に盛りきり一杯の「めんこめし」は軍隊食の代名詞であり、食事の回数が「めんこの数」であった。

いつまでも進級できずにすねてしまった万年一等兵などが、〝軍隊は階級じゃあねえ、めんこの数だい〟といばって見せるときのめんこの数は、軍隊での食事数つまり在隊年数、経験年数の誇示であり、ノン・キャリア組の啖呵《たんか》でもあった。

士官学校を出たばかりのひよっ子の新米少尉や**幹部候補生**出のアマチュア下士官よりも、四年兵・五年兵のめんこの数は桁違いに多く、兵隊たちに恐れられ頼りにもされた。彼らには、それしか誇れるものがなかったのであろう。（共）

（→内務班7）

レッコー

日本海軍で使われていた号令の一つ。号令は、たとえば「前へ、進め」ならば〝前へ〟の予令と〝進め〟の動令からなるが、これは動令に当たる。海軍は、はじめからイギリス海軍の流れをくんでいるから英語のレット・ゴー（LET GO）からきたものだろう。

作業にかかるとき、士官は下士官に正規の命令を与えるが、下士官は兵たちに「ストッパー（止め索）レッコー」といった号令をかける。

辞書ではLET GO OFは、解放する、見のがすなどの意味があり、このストッパー・レッコーも「止め索をはずせ」になるが、俗語になってサァ行け、ソレ行け、行こうぜ、の意味にも使われる。アメリカのテレビ映画に『LET'S GO SMART』というのがあったが、その邦名も『それ行け！　スマート』だった。

行動に移る動令に「かかれ！」というのがあり陸軍も使うが、これなどもレッツ・ゴーに思えるが、『兵語和英辞典』では、GO ON! CARRY ON! となっている。

軍隊の生活では万事、折り目切れ目が大切だが、ことにメカの集合体である軍艦では命令や動作にまちがいがあると大事に至《いた》るから、動作を止める〝待て〟と、ふたたび動作を起こす〝かかれ〟のしつけがきびしかった。

兵学校や**海兵団**でも日常生活のなかで、たとえば庭を駆けているとき、〝待て〟の号令がかかればそのままの姿勢で止まり、次の〝かかれ〟の号令でまた駆けるといった教育が行なわれる。

海軍から海上自衛隊へと長い海の生活を送った元海将の植田一雄氏の海兵時代、「整理整頓の要はレッコーにあり」と教えられたと述懐する。いつもキチンとしていれば、心身ともに自由で次の行動に直ちにかかれるということだろう。

関東のアイスコーヒーを関西ではレイコーというが、レッコーと一脈通ずる解放感があると見るのは少々こじつけか。（海）　（↓ストッパー7）

8. 風　俗

愛国婦人会（民）
慰安婦（共）
慰問袋（共・民）
慰霊（共）
海行かば（共）
英霊（共・民）
軍神（共）
御紋章（共）
散華（民）
銃後（民）
出征（民）
恤兵（民）
しれっと（海）
スーちゃん（陸）
千人針（民）
大詔奉戴日（共・民）
地方人（民）
突撃一番（陸）
奉公袋（共）
保万礼（共）
ほんちゃん（共）
陸軍記念日（共・民）
陸式（海）

奥村五百子《いおこ》によって明治三四（一九〇一）年につくられた愛国婦人会は、民間団体ではあったが**在郷軍人会**とともに軍を背後から支えた一大組織であった。

愛国婦人会【あいこくふじんかい】

前の年に北京で起こった**北清事変**（義和団の乱）の傷病兵の惨状を見て一念発起したところは、クリミア戦争（一五八三年）の惨状を見て赤十字創設のきっかけづくりをしたナイチンゲールにウリふたつだが、婦人が半衿《はんえり》ひとつを節約して会員となる会員勧誘法などはきわめて日本的であった。

できたばかりで**日露戦争**が始まったタイミングのよさは一挙に会員を五〇万にした。主婦のシンボルの白い割烹着《かっぽうぎ》に会のたすきをかけ、出征兵士の湯茶の接待、傷病兵の慰安、遺族の援助と駆け回って軍部と兵士たちに感謝された。

平時に入ってもその活動はやまず、戦争後の不況に苦しんでいる主婦らに内職をせわしたり、東北の身売り娘に援助の手を差しのべたり、社会福祉団体の性格もそなえてきた。総裁に皇族夫人をいただき、役員に華族の奥様をずらりと並べてエリート団体のイメージを与えたから、地方の地主などは旦那が村長や町内会長、女房が婦人会の支部長といった構造ができてきた。

全国に支部網ができ上がって中央集権の体制が整うと、関西から対抗勢力の火の手が上がるのはいつの時代も同じで、今度は大阪の主婦・安田せいが昭和七（一九三二）年「**大日本**

国防婦人会」をつくり、おりからの満州事変後の軍国ムードに乗ってみるみる二大勢力となった。はじめのうちは、平和共存だったが、関西勢力は庶民的で人情が細やかで、エリート意識がないだけにみるみる会員を増やしていった。

軍部が尻押しをしただけにこの新興勢力の伸びは目ざましく、やがては支部競争や会員の取り合い、駅頭での出征兵士見送りの張り合いなど露骨な対立となってくる。このほかにも、文部省の肝入《きもい》りで「大日本婦人連合会」ができて三《み》つ巴《どもえ》の様相を呈《てい》してきた。

戦争の真っ最中に、銃後で南北戦争が起こってはたまらないから、軍部が間に入って三者を合併して「**大日本婦人会**」に統一することで手を打った。その昭和一七（一九四二）年二月は、マニラが陥落しシンガポールに日本軍が突入する直前のことである。

これらの熱心な婦人会が国策にそって、愛国貯金運動や、千人針集め、前線へ**慰問袋**を送る運動をしている間はまだよかったが、だんだんとエスカレートして、街頭に立って洋髪の女性に〝パーマネントは止めましょう〟のビラを渡してプレッシャーをかけたり、和服の長い袂《たもと》をハサミで切り落とす実力行使も見られた。時勢に乗り、お上の威光をカサに着ての振る舞いが多くなり〝泣く子も黙る婦人会〟になった。

戦後、消費者運動を目標にして、大きなシャモジを旗印に割烹着《かっぽうぎ》姿の主婦連（主婦連合会）が気勢を上げたが、公称会員数一〇〇〇万人の大日本婦人会の足許にも及ばない。（民）

（→慰問袋8・千人針8）

慰安婦【いあんふ】

戦地で兵士たちの性の相手をさせられた女性たち。必要悪のため当時でも陰の存在で、軍属にもならず残された記録も少ないが平成三年、朝鮮人慰安婦の存在と補償が国際的な政治問題となってスポットが当てられた。

戦国時代の武将たちは、女性を戦場につれて行くわけにもいかず小姓《こしょう》役の少年で代用したが、明治以来の日本軍では「軍隊ある所、慰安婦あり」が相場となってくる。

殺気立った若者集団をそのまま放っておくと、占領地で強姦・暴行が多発して軍紀を乱し、ひいては軍の威信にも悪影響を及ぼすという理由で、女性たちを連れた業者が占領地に乗り込んできてもこれを容認した。そして、さらに軍によって管理をするようになった。

高級将校には副官が走り回ってどこからか専用の商売女を連れてくるが、下級将校や下士官・兵は業者が開設した**慰安所**に列をつくって並んだ。

最初のうちは内地の娼婦たちで成り立たせていたが、戦争が長びいて絶対数が不足してくると、当時日本が植民地としていた朝鮮・台湾、そして占領地域の中国の女性たちが集められた。

すべて階級社会の軍隊だから、同じ慰安所でも将校用・兵隊用、内地人・植民地人と値段が違っていた。内地の女性は将校専用などと階級と人種差別の象徴のような世界であった。

内地からはプロの娼婦や東北や九州の貧農の娘たちが女給の名目で集められ、植民地や占領地からは半強制的に集められた女性が戦地に送られた。

兵隊は戦場で気が立っているうえに使い場のない給料があまっており、戦地専門の商売や人買い女衒《ぜげん》には荒稼ぎのチャンスでもあった。

海軍は、もちろん艦艇に女性を乗せるわけはないが、港々にそれ用の岡場所があり、戦地では慰安所は陸海共通の場でもあった。

昔、モンゴルの軍隊は家族づれで進撃したといわれるが、近代軍では将校や下士官が平和になった占領地に家族を呼び寄せることはあっても、娼婦をつれて戦争をしたのは日本軍だけであろう。

各国の軍隊にくらべて、日本軍はセックスにはきわめて寛容で肯定的ですらあった。これが高じると部隊専用の慰安婦隊もできて、部隊の進撃に従って前へ前へと前進するようになる。

ところが前進しすぎて敵中に孤立すると、枕を交わした男たちと運命を共にすることになる。昭和一九（一九四四）年の九月、中国雲南省南部の拉孟《らもう》と騰越《とうえつ》の二つの陣地で、中国の大軍に包囲された守備隊の慰安婦たちは、兵隊姿となって弾丸運びや握り飯づくりにかいがいしく働き、最後には将兵とともに玉砕した。

そのなかの朝鮮人慰安婦たちは、捕虜となって重慶に移送されたと伝えられているが、その後の彼女たちの運命は誰にも知られていない。（共）　（↓突撃一番8）

慰問袋【いもんぶくろ】　病人を見舞うように慰めに訪問することが慰問で、戦争が長くなると戦地の兵隊をはげます慰問の手紙、慰問団、そしてこの慰問袋が登場してくる。

慰問団は女性歌手や浪曲師、日本舞踊の姐さんたちを引きつれて前線回りをするが、戦況にゆとりがあり補給ルートが確保されているところまでで、花形女優が目玉の巡回映画班などはとても第一戦までは届かない。

こんなときに、すみずみまでゆき渡るのがこの慰問袋である。一般国民が兵士に対して金品を供出して**銃後の勤め**を果たすことを軍の用語では**恤兵**《じゅつぺい》という、恤兵金・恤兵品となる。恤は老人や貧しい者をいたわり恵む行為で、勇ましい兵隊もここでは哀れまれている。

日露戦争に始まった留守宅から兵士へのこの慰問袋は、家庭の匂いがいっぱいに詰まっている福袋で、恤兵品の中でももっともよろこばれるものだった。

妻が心をこめて手縫いした木綿の袋の表に、息子が幼い字で「いもんぶくろ」と部隊名・宛名を書き、中にはお婆さんの作った温かい肌着や千人の女性の心をこめた**千人針**、キャラメルや雑誌『キング』、持病の薬や村の氏神さまのお守りといった一品セットで、添えられた妻子からの手紙は涙を流して読まれた。

恤兵品は大いに士気を高めるので、恤兵部で受けつけた慰問袋の送料は軍もち、数も無制限であった。

やがて戦争が長びき兵隊の数も増えてくると、これが来る兵、来ない兵と出てきて、かえって士気にかかわるので、軍は奨励から半強制的にその供出を求め、職場や学校・**隣組**などに割り当て、宛先も不特定の兵隊さんになった。

肉親ならば心もこもるが、名も知らぬ兵隊宛てではつい手も鈍って、金ですませるようになる。

はじめはミシン縫いのプリント印刷の袋だけを売っていた業者もこれに目をつけて、大量生産の既製品をデパートなどで売るようになった。

中身も人気女優のブロマイド、時局雑誌、歯磨きセット、歯の欠けそうな堅いビスケットなど、兵隊をがっかりさせるものもあった。内地の家族と前線に慰問袋の心が通ったのは**支那事変**（日中戦争）の中ごろまでであろう。

この袋の取りもつ縁で除隊復員後に家族づき合いが始まったり、中の一枚の写真からロマンスの花が咲き縁談がまとまったこともあった。

昔の人は律儀で、私にも学校で強制的に作らされた慰問袋に帰還した兵が、わざわざ岐阜から東京まで礼に来られ恐縮した思い出がある。（共・民）（↓千人針8・銃後8）

慰霊【いれい】　神道で使われる英霊という言葉が、いつの間にか「**護国の英霊**」となって、たび重なって用いられている間に戦争色を帯び、やがて戦争の終焉《えん》《しゅう》とともに死語化しつつあるように、〝死者の霊を慰める〟この慰霊にも一種の戦いのムードが漂っている。

お寺には火災や地震で死んだ死者の慰霊碑や供養塔があり、お祭り気分の動物供養や針供養なども行なわれているが、戦死者の慰霊には厳粛なものがある。各地の護国神社や、かつて軍都であった町の寺には戦没者の慰霊碑・慰霊塔が建ち、終戦記念日や原爆の日には慰霊祭が行なわれ、遺族たちは戦跡の巡拝慰霊旅行に行き、愛する肉親をしのんで涙する。

三〇〇万の戦没者の数だけ慰霊はあり、英霊と慰霊とは一対の言葉となって戦後残ってきた。自分の生命をはじめ、すべてを犠牲にして何の得るところもなかった無益な敗戦への戦死者の恨みや呪いは、生き残った者がせめて理解しなくてはなるまい。（共）（↓英霊8）

海行かば【うみゆかば】

天平感宝元（七四九）年、陸奥《むつ》の国から大量の黄金が掘り出された。黄金は大陸から輸入するだけの貴重な金属だったので、時の聖武天皇はこれを祝って天下に詔書を発した。代々、宮廷の警護に任じ越中の国守であった大伴家持《おおとものやかもち》は、これに応えて天皇に長歌一首を献じた。

この長歌は、やがて『万葉集』の第一八巻に収められて後世に伝えられるが、そのなかに、

海行《ゆ》かば水《み》漬《づ》く屍《かばね》
山行かば草むす（生《む》す）屍
おほきみ（大君《おおきみ》）の辺《へ》にこそ死なめ
顧《かへ（え）り》みはせじ

の文がある。

〝海に征くならば戦死して水につかり、野山を征くならば死体に草が生えることになっても天皇のために死のう。わが身などは顧みない〟となる。軍歌研究家の八巻明彦氏は、この唄を「凛《りん》たる武人の覚悟を表明した戦いの歌」と位置づけている。

明治一三（一八八〇）年、東儀季芳がこれに曲をつけて日本軍最初の制式軍歌となった。荘重なふし回しで将官に対する儀礼のときなどに歌われるが、最後の〝顧みはせじ〟の一句が〝のどには死なじ〟となっている。のどは閑《のど》かと同じで、安らぎのうちには死なない、という決意の表明である。

昭和一二（一九三七）年、日中戦争が始まり長期化してくると、この歌は信時潔の作曲した新しいメロディとなって日中戦争から太平洋戦争の全期間にわたり国中で歌われるようになった。最初のうちは公式の場で歌われる儀礼歌・式典歌であったが、たびたびラジオから流され、町会の会合や出征兵士を見送る駅頭などで皆が歌うようになると、国民歌から第二の国歌のようになってくる。最終句もふたたび〝顧みはせじ〟に戻り、作曲者の指定した「フォルテッシモ（うんと力強く）」どおりに歌うと原作者の家持の決意が伝わる勇ましい決意表明歌となる。

私の小学校時代も式典のたびに大講堂で合唱させられたが、小学生にはそんなことはわからず、腕白《わんぱく》な子が〝海ゆカバ　山ゆワニ〟などと大声で歌って後で教師からこっぴどく絞られた。

昭和一六（一九四一）年の冬、太平洋戦争が始まり、最初の間は勝利につぐ勝利でその戦果を伝える**大本営発表**が連日のようにラジオから流れてきた。大本営発表の前にはレコードでテーマ音楽が流れるが、陸軍のときは『分列行進曲』、海軍のときは『軍艦行進曲』、共同作戦の場合は『敵は幾万』のそれぞれ勇ましいマーチが入ることになっていた。やがてこのテーマ音楽に『海行かば』が仲間入りする。開戦の初日にハワイの真珠湾に小型潜水艇（特殊潜航艇）で突入し全員戦死（と発表）した海軍特別攻撃隊九軍神の発表のときである。

やがて各戦線で連合軍に押されて敗色が濃くなると、大陸や孤島に孤立した部隊の**玉砕**がしばしば報じられるようになってきた。この玉砕発表の前テーマ曲も『海行かば』で、大伴家持の勇ましい感慨と正反対の暗い悲愴感をもたらすものとなる。同じころ、ロシア戦線のスターリングラードでナチス・ドイツ

南支派遣軍の合同慰霊祭。戦死した戦友の冥福を祈る

軍が壊滅したとき、その臨時ニュースはベートーベンの第五交響曲『運命』のあと伝えられ、東西同じムードに包まれた。

戦後、この歌は国歌『君が代』や他の軍歌とともに占領軍から禁止され、その後も表に出ることなく戦友会や慰霊祭の集まりで鎮魂歌としてわずかに歌い継がれている。海軍を描いた日本映画のエンディングテーマ曲に戦没者への鎮魂歌として使われたりしている。一世紀たらずの間に一つの歌が制式軍歌から式典歌・国民歌・鎮魂歌とキャラクターを変えていった例もまず少ない。（共）（↓大本営上1・軍神8・玉砕上3）

英霊【えいれい】　軍歌の『海行かば』と同じように戦友会のような限られた集まりでしか耳にしない言葉となった。

すぐれた人の魂、死者の霊魂のことで、神社に祀られている祭神の霊が英霊なのだが、「護国の英霊」となると、とくに国家のために戦死・戦病死・殉職した軍人や軍属の霊魂を指し、訓では御霊《みたま》になる。

戦前、これら戦死者の霊は国家に保護された東京の靖国神社や各地の招魂社（護国神社）に祀られ、それぞれ○○命《みこと》として祭神となった。軍国歌謡『九段の母』の、

〽空をつくよな大鳥居
こんな立派な　おやしろに
神とまつられ　もったいなさよ

母は泣けます　うれしさに

は戦死したわが子に逢いにきた遺族の母親の心情をうたった歌詞である。

春秋の例大祭や折おりの臨時大祭には天皇・皇后が行幸啓し、夜にはすべての明かりを消した暗闇のなかを新しく神となる戦死者の名簿・霊爾《れいじ》簿《ぼ》を収めたお羽車《はぐるま》が静《しず》しずと進んだ。沿道に坐った遺族の間からむせび泣く声がもれ聞こえ、その有様はラジオから実況放送された。

終戦前後の空気を神社の年表は次のように伝えている。

「昭和二〇年八月一五日、宮司以下職員一同、記念殿ラジオの前に正座して**玉音放送**を謹聴す。午後参拝者きびすを接し、拝殿前参道敷石上に跪坐《きざ》（ひざまづき）嗚咽《おえつ》する者多く、以後数日にわたる。

九月一二日、米国兵の社前出入が日々増加するにより、神門前に下乗の英文制札を、中門前に写真撮影・喫煙禁止の同制札をたてる。一般参拝者激減し、社頭ははなはだしく閑散となる」

靖国神社の資料によると、明治二（一八六九）年の戊辰戦争から昭和二〇（一九四五）年に終わる**大東亜戦争**（太平洋戦争）までの祭神・英霊は実に二四六万六〇〇〇余柱にのぼっている。このなかには男の軍人・軍属ばかりでなく、従軍看護婦をはじめ沖縄で玉砕した「**ひめゆり部隊**」の女学生、潜水艦の雷撃で海没した疎開学童、維新の志士の二歳の幼女など五万七〇〇〇柱の女性祭神も入る。

平和が長くつづき、新しく英霊の生まれることもなくなった今の日本では遺族の数も少なくなり、靖国神社も公園のようになって、桜どきには花見客で賑いを見せている。（共・民）

軍神【ぐんしん】　これは軍事用語ではなく、戦争中に国民の士気を高めるために軍部とジャーナリズムが組んでつくり上げた戦争英雄を指す民間語で、ときには民衆が勝手にでっち上げる場合もあった。

洋の東西を問わず、昔から人間を超越した軍神・武神は神話の中に多く登場し、ローマ神話の武の神MARSは火星の呼び名にも転じている。

わが国にも、素戔嗚尊《すさのおのみこと》、日本武尊《やまとたけるのみこと》など古事記に登場する神話上の人物をはじめ、源義家や武田信玄など実在の武将も武神として祀られている。

これら「**いくさがみ**」と呼ばれる神々は、長く武人・軍人の崇拝を集め、千葉県の香取・茨城県の鹿島の両神官は古くからの武神社で、戦時には**武運長久**《ぶうんちょうきゅう》（手柄をたてたい、生きて帰りたい）を祈って出征軍人の参詣で賑わった。

こうした信仰上の神とは別に、近代に入ってからも日本人たちは勇敢に闘って戦死した軍人を軍神として尊敬しあがめるようになる。

その第一号は日露戦争中に、旅順港口の閉塞作戦に自沈船「福井丸」で肉塊を残して四散した広瀬武夫海軍少佐、第二号は歩兵第三四連隊の大隊長として満州（現中国東北部）の遼陽攻防戦で全身に傷を負いながら守備地を手放さなかった橘周太少佐である。

両者とも司令官の**感状**を受け中佐に進級し、教科書にも載り軍歌にうたわれ、神社に祀られた。二人の共通点は、勇猛果敢に戦死したこと、敬神崇祖の念の強いストイックな精神主義者であったこと、品行方正、成績抜群で軍人中の優等生であったことの他に、とくに部下思いであったことがあげられる。

広瀬中佐は行方不明となった部下の杉野兵曹長を探したあと戦死し、橘中佐は負傷した部下を背負って運んだのち戦死した。いずれも日本人のウェットな心情に強く訴える要因が大きい。二人を祀る神社は大分県竹田の「広瀬神社」と長崎県千々石の「橘神社」、日露戦争で勇名をはせた海の東郷平八郎元帥も、陸の乃木希典《まれすけ》大将も死後、神社がつくられ神と祀られるが軍神とはならなかった。壮烈なる戦死が絶対条件となる。

やがて時代が軍国主義となり、満州事変、上海事変から長期戦に入ると軍神の大量生産となる。

江湾鎮で戦死した歩兵第七連隊長林大八大佐、軍旗の下で息を引きとった騎兵第二七連隊長古賀伝太郎中佐、山西省で戦死した『大義』の著者杉本五郎中佐、はじめて兵隊から軍神となったのが江下・北川・作江の**爆弾三勇士**。南京上空の空中戦で戦死した南郷茂章海軍大尉は空の軍神第一号、徐州会議で戦車のそばで狙撃されて戦死した西住小次郎陸軍中尉は機甲科軍神の第一号となった。

太平洋戦争に入ると、その数はますます増えた。軍歌『加藤隼戦闘隊』で有名になった加藤建夫中佐、開戦初日にハワイの真珠湾軍港を二人乗りの特殊潜航艇で襲撃し、二度と帰らなかった九人の乗員の「九軍神」、玉砕の第一号となったアリューシャン列島アッツ島の山崎保代大佐、〝後に続くを信ず〟と遺言してガダルカナル島で戦死した若林東一大尉、フィリピン決戦で神風特攻の第一号となった関行男海軍大尉など枚挙にいとまがない。とはいっても無制限なわけではなく、ハワイにつづいてシドニー湾に進入し全員戦死した特殊潜航艇の第二陣の特別攻撃隊員も、関大尉につづいてフィリピン・硫黄島・沖縄の上空で散った数千人の神風特攻隊員も、いずれも軍神にはしてもらえなかった。

他の国では、これらの軍人たちは単に戦時ヒーローとしてもてはやされるだけだが、神格化して絶対のものとあがめるところに日本の特性があった。

加藤隼戦闘隊長の葬儀の時の某少将の追悼文がそれをよく物語っている。

「(前略)加藤中佐は男としての必要なすべての条件を十分に備え、放胆であり、豪毅《ごうき》でありしかも綿密、周到、緻密、機敏であり沈着であるという風に相反撥《はんぱつ》するごとき性格をそれぞれ充分に持ちながら、必要となればその一を極度に発揮する。

開戦劈頭、真珠湾を奇襲した特殊潜航艇の10人の乗員。負傷して捕虜になったひとりを除く9人が軍神となった

これが男の中の男である。加藤は武勲にすぐれ人格高邁《こうまい》であったばかりでなく、すべてに卓越した男であり航空の神様であった」と口をきわめて讃《たた》えている。民族の興亡を賭けた大戦争が敗北に終わると、人々は、かつての軍神の存在などすっかり忘れ去ってしまう。

戦後まだ小学生だった加藤軍神の二人の男の子は世間の冷たい視線に耐えて、手をつなぎながら学校に通った。

関軍神の新妻は再婚し、一人残された母親は学校の用務員をしながら淋しく世を去った。大尉の墓は長い間なかったが、六〇年ものちに母親の墓のそばに建てられた。いつの世でも敗軍《まけいくさ》は無残なものである。（共）（→爆弾三勇士上3・特攻隊上2）

御紋章【ごもんしょう】　紋章には家柄を表わす家紋や寺院紋、最近では会社員が胸につける会社の社章などがあるが、御の頭文字がつくと十六花弁の皇室専用の菊花紋を指す固有名詞となり、「菊の御紋章」と呼ばれる。

皇室の紋には古くは五七の桐の表紋と菊花の裏紋とがあり、昔の皇室用品には多くの桐花紋が残されているが、明治以降は菊が天皇と皇室のシンボルとなっている。なごりとして勲章の代わりに功績のある者に毎年贈られる「賜杯《しはい》」の銀杯や木杯に桐花紋が残されている。

明治維新が終わり明治憲法で絶対君主制（法的には立憲君主制）が確立されると、国民に天皇の権威を示すために国を代表するポイントに日の丸の国旗とともに菊の御紋章が用いられた。

天皇の帝国議会、天皇の裁判所、天皇の府庁・県庁・郡役場、天皇の帝国大学、国境の標識、大・公使館などの建造物には金色に輝く御紋章が掲げられ、外交文書や晩餐会・観桜会といった宮中行事の招待状にも菊花紋が印刷されていた。

軍隊もその例外ではなく、師団司令部・連隊本部・海軍の鎮守府、各学校の本部正面にはチーク材・真鍮《しんちゅう》張りの大きな菊花紋が光っていた。大演習や観艦式などに天皇が行幸するとき掲げられる**天皇旗**はもちろん錦《にしき》織りの御紋章である。

兵器では、帝国海軍の**軍艦**には例外なく陛下のフネとして御紋章が装着されていた。戦艦や巡洋艦などの大型艦ではその艦首に、砲艦などのちっぽけな艦は艦首の両側に二つつけられる。

ただし、多くの海軍の艦艇や船舶のなかでも、この御紋章がつけられるのは規定された軍艦だけで、排水量数千トンの大型駆逐艦や潜水艦でも軍艦には入らないから御紋章はついていない。

陸軍の兵器では小銃が唯一の紋章つきで、薬室の上面に線彫りの菊花紋が刻印されている。花形兵器の航空機や戦車・火砲にはなく、同じ小火器でも機関銃や拳銃にはない。

戦艦「長門」艦首の菊の御紋章

この小銃の御紋章が実は兵隊泣かせで、〝天皇からお預りした大切な兵器〟という決まり文句であった。

もちろん、貧乏国日本陸軍の兵器愛用の趣旨からだろうが、その扱いは常識はずれで手入れが悪く紋章に汚れでもついていようものなら、陛下の兵器を粗末にした不忠者《ふちゅうもの》ということで激しい鉄拳制裁が浴びせられた。

ときには〝三八式歩兵銃殿、手入れを怠《おこた》り悪くありました〟と長時間、両手で小銃を捧げる**捧《ささ》げ銃《つつ》**の姿勢をとりつづけさせられる。

人間が物体にあやまるという滑稽《こっけい》な情景である。

外国へ行けば軍艦は国の代表であり治外法権の領土の一部であるから、天皇の軍艦として紋章のあるのもわかるが、小銃だけに御紋章がついていたのは奇異でもある。

軍制研究の松下芳男氏によると、これはなにも天皇崇拝から出たものではない。維新戦争のあと各藩から政府に供出されたり幕府から没収した各国製のまちまちの型の小銃が、七〇万挺ともいわれた。これらの小銃を数種類に絞り込んで、政府軍の制式小銃としたさいに制式の鑑別マークとして刻んだのが菊花紋であったという。

それならば、ただのマークだから以後七〇年にわたる兵営内での〝三八式歩兵銃殿〟劇はまったくナンセンスな悲喜劇でしかない。

敗戦となり天皇の軍隊が解体されたとき、建物の菊花紋は除去・廃棄処分となり、軍艦の艦首の菊花もはずされて焼却、水葬の運命となった。

小銃も武装解除で連合軍に引き渡す前に、やすりで御紋章を削り取った。いま残っている当時の御紋章は、戦前から博物館などに陳列されていた旧式軍艦のもの、戦艦「陸奥《むつ》」のように戦後、海底から引き揚げられたもの、アメリカの旧軍人が戦争記念品として戦場から持ち帰った小銃などがそれである。民間でも同様で、建物から御紋章がはずされたあと、ポッカリとあいた丸い空白が戦後しばらくの間、目についた。

わずかに公的に残っているのは、大使館など在外公館の国章やパスポートの表紙ぐらいで、それにも反対意見がある。

戦前は菊の御紋章の民間での使用や取り扱いは法律できびしく制限されていたが、戦後は宮内庁からの〝なるべく遠慮してほしい〟とお願いする程度である。

それでも天皇を国のシンボルとする国民感情から、町では見られないが例外として議員バッジにさん然と輝いている。

上は国会議員から下は村会議員にいたるまで、先生たちのマークはビロードの枠《わく》に囲まれた金色の御紋章となっており、議員会館の売店でも土産品として御紋章のついた文鎮《ぶんちん》や杯を売っている。

天皇制を否定する共産党の新人議員さんが、うれしそうに天皇の紋章を胸につけているのも妙なものだが、あるいは菊花は皇室の紋から国民の紋へ性格を変えているのかもしれない。そうとすれば、宮内庁も目くじらを立てることもあるまい。（共）（→軍艦5・三八式歩兵銃5）

散華【さんげ】

病人の命が尽きて息を引きとる自然死にくらべて、戦死ははっきりいって変死であり、いずれもその最後の姿は無惨なものである。戦死者の功を讃え弔《とむら》うために現実の生なましさを美しい言葉で覆《おお》うのは言霊《ことだま》の国・日本の特技ともいえよう。

撃墜された友軍機は「自爆」であり、部隊は全滅すると「玉砕」、戦死者はかならず「名誉の戦死」か「壮烈な最期」をとげて英霊となるが、この散華もその一つである。春山和典氏が海軍将校の劇的な最後をつづった『散華の美学』という短編集もある。

この言葉のもとは仏教用語で、インドで花や香を撒《ま》いて供養した習慣を受けて法要中に紙で作られた五色の蓮華《れんげ》の花びらを花筥《けこ》に盛り、読経に合わせて参会者に撒く仏事をいった。花びらのほかに樒《しきみ》の花や葉のときもある。

昔から「花は桜木《さくらぎ》、人は武士」といわれて、武人は桜のように華やかに戦い潔《いさぎよ》く散ることが理想とされてきたので、この仏語の散華がはなばなしい戦死の表現に代用されるようになった。「○○大尉は南海の大空に散華した」といった文章は、戦時中いやというほど目にしたが、ある辞書では「華《はな》と散ると解し戦死を指すのは誤り」と冷たい。仏教での華は蓮華《れんげ》のことで桜の花ではないということだろう。

終戦後すぐ、**サイパン島**で写したアメリカ軍の戦場写真を見て大ショックを覚えたことがある。「バンザイ突撃」で全滅した何百という戦死体がブルドーザーで山のように積み上げ

られ、溝に放り込まれていたその情景は、玉砕や散華といった語感の美しさとは正反対のものであった。（民）（→玉砕上3）

銃後【じゅうご】　銃前という対語はなく独立語である。銃口前となればギャングの銃に脅かされる市民や銃殺刑にあう囚人となる。銃後とは銃を構えて戦う軍人たちの背後にいる者、といっても戦線後方の予備隊や補給隊ではなく、戦線から遠くはなれた本国にいる一般の市民たちのことをいう。

第一次世界大戦のあと、戦争は国の総力をあげての総合戦となり、国力と国力、経済力と経済力との戦いとなった。兵員・兵器はもちろん、すべての補給力の基盤は国民のすべてにあり、その負担もそのすべてにかかってきた。

戦闘員・非戦闘員の区別もなくなり、戦争は前線からその背後の銃後にまでおおいかぶさってくる。B29による本土爆撃、広島・長崎の原爆投下からベトナム戦争にいたるまで、兵士と民衆との境界もなくなってきた。したがって対語としては「前線・銃後」であり、ともに同じ戦場内にいる意識を固めさせた。

非戦闘員の国民のすべての戦力を動員することが「国民精神総動員」というスローガンとなってあらわれ、前線の兵士たちを安心して戦わせるために「銃後の守り」、その決意を示すのに「銃後の誓い」などという造語が次々と出現してくる。前線の兵士たちを安心させる手紙の文面も、家のことは心配しないで……という文句が、銃後はしっかり守っているから……と変わって、ともに戦っている気分を強調した。

この銃後を組織化するため、職場ごと地域ごとに小ブロックがつくられる。地域では隣接する家を連係して、最初に隣保班《りんぽはん》、のちに隣組《となりぐみ》がつくられた。隣組の主力は女性たちだが、兵士の送別・歓迎、出征家族の援助、前線への慰問品、そして空襲が始まると、地域消火隊の**警防団**の指導で**防空演習**にかり出された。いずれも「銃後の戦い」である。

最前線を第一列、予備を第二列、後方補給を第三列、国民全体を第四列と四戦線に分け、国民の背後に忍び込む敵スパイを**第五列**の脅威として、対スパイ戦も銃後の仕事であった。（民）（↓地方人⑧）

出征【しゅっせい】

戦争が始まり男が兵士となって戦場に赴《おもむ》く表現にはいろいろあるが、これもその一つで他の語句と複雑にからみ合いながら使われる。三〇〇万の戦死者の出た太平洋戦争が終わると〝私の亭主は新婚早々、兵隊に取られて出征したまま帰りませんでした〟と嘆《なげ》く若い女性が国中に溢《あふ》れていた。この短い歎きの言葉は、心ならずも軍隊に入れられ、心ならずも戦場に出かけ、新妻に思いを残して死んでいった一人の男の運命を端的に物語っている。

戦争や事変が始まると、兵営内の「**現役兵**」だけでは兵力が足りず、「**動員**」がかけられて在宅の兵役義務者に**臨時**（**充員**）**召集令状**、俗にいう「**赤紙**」が舞い込んで彼の運命を一変させる。

二〇歳の徴兵検査で**甲種合格**となり、そのまま軍隊に入るバリバリの「現役兵」とちがって召集されて来るのは、すでに現役を終えて故郷《くに》に帰り家庭を営んでいる年配の「**予備役**」か、徴兵検査に落ちたまま軍隊経験のない未教育の「**補充兵**」たちで、いずれも召集の命令に応《こた》えた「**応召者**《おうしょうしゃ》」であった。

これらの応召者が陸軍の兵営に入ると「入営兵」となり、海軍の兵営、海兵団に入ると「入団兵」となる。いずれも隊の編制と、兵士としての教育・再教育のためである。

平和の時代には、兵営はただ教育と訓練の場だから、入営は出征ではなく、入営者も出征者ではない。町や村の若者たちは「祝入営」ののぼりを高く掲げた親類や近所の人に送られて入営バンザイの声を背に軍隊に入っていった。二年三年の在営期間に戦争が起こらず、無事に五体満足で**満期除隊**するのを望むのが隠しようのない本心であろう。

ところが戦時ともなると、戦争のために召集されたのだから兵営で短い期間の教育を受けるか、ときには銃の担ぎ方もわからない未教育兵のまま動員完了し戦地に向けて出発する。こうなると応召即《そく》入営ではなく応召即出征であり、のぼりや旗、たすき掛けにした日の丸の寄せ書きも入営が略されて祝出征となる。

戦線が広がり戦局が逼迫《ひっぱく》してくると、出征兵士の歓送セレモニーは毎日のようになり盛大になってくる。平和な入営時には身内や近所の人ぐらいだったのが、これに**青年団**・**在郷軍人会**・**愛国婦人会**のおばさんまでが混じって日の丸の小旗を振り振り、『出征兵士を送る歌』を合唱しながら近くの駅まで見送りをした。

〽わが大君に召《め》されたる
生命はえある朝ぼらけ　中略
いざ征《ゆ》け　つわもの日本男児（生田大三郎・作詞／林伊佐緒・作曲）

この歌は多分、『海行かば』とともに戦時中に最も多く歌われ、また最も実用的な歌の一つであったことにまちがいない。

メロディは明るく勇壮な歌詞の送別歌であったが、送られる応召者は恐縮して小さくなりボソボソと決意の挨拶を述べていた。人垣の後ろから控え目に見送った多くの妻たちにとっては、これが亭主の見納めとなった。出征したまま帰りませんでした――と。

このころ、亭主が出征するときに産まれた子や出征したあとに産まれた子に、男子なら征《ゆき》男《お》・征《せい》一郎、女子なら征代《ゆきよ》・征子《ゆきこ》などの名をつけることがはやった。皇室ブームにちなんだ美智子さん、雅子さんの名付けと似てはいるが、親の思いはもっと深刻であった。出征の日を記念して、というよりもオレが戦死したあとも達者に生きて征《ゆ》けという心がこもっており、父親の顔を知らない征男さんや征子さんに出会うことも多い。

出征の語源は『詩経』にあり、征伐に出て行く、出陣すること、軍隊の一員として戦場に行くことなどとあるから、鬼が島の鬼征伐に桃太郎に従って出かけた犬・猿・雉《きじ》たちはりっぱな出征となる。

個人が戦場に行けば出征だが、グループの軍隊になると言葉が変わって、「出兵《しゅっぺい》」「出師《すいし》」「出陣《しゅつじん》」などがある。

大正七（一九一八）年、第一次世界大戦後の混乱に乗じて日本はシベリアに陸軍を出兵し、ソビエトのパルチザン（ゲリラ）勢力と戦闘したが、相手が正規軍でないため、また大義名分もないままに戦争や事変と呼ばれず、結局五億円の戦費と三〇〇〇人の戦死者を出しながら「**シベリア出兵**」となっている。

幕末に黒船艦隊相手に戦って大負けした苦しい経験から、島国日本の戦争は外地攻撃戦が国策となり、つねに「外征」や「征討」となった。

兵隊言葉では「**野戦行き**」で、野戦行きとなれば見知らぬ外国で〝草むす屍《かばね》〟となる公算も増えてくるから、この言葉の重みを知っている古兵ほど〝野戦行き〟を恐れた。召集・応召から入営・出征・出兵・野戦行き、と言葉が変わるたびに死神がしだいに近寄ってくる感じであろう。

現在の自衛隊は外国では戦わないことになっているから、出征の用語も出征兵士を送る歌もない。いざというときは、やはり派遣か出張なのだろう。（民）

（→赤紙上1・動員上1・征伐上3・海行かば8）

出征兵士の見送り（にしのみやオープンデータサイト）
https://archives.nishi.or.jp/04_entry.php?mkey=14165

恤兵【じゅっぺい】

立心偏《りっしんべん》に血の旁《つくり》のこの字は文字どおり心に血を通わせて、苦しむ者をあわれみ、めぐみ、すくうなどの意味をもっている。

熟語には、恤貧・恤病・恤民などが和漢書にあるが、明治以来の軍国日本で普遍的に使われたのが恤兵で、もちろん常用漢字にもなく半世紀使われないまま死語化している。

封建時代の軍隊は専門の武士集団だったが、明治以後は国民皆兵・徴兵制によって一般の人民と兵士との間に太い絆《きずな》が生まれた。家族のなかから兵士になって外国で戦っているわけだから肉親としては心配でもあり、あの手この手で励ましのシグナルを送った。このために贈る金品が恤兵で、恤兵金や恤兵品・恤兵物資という。

前線の兵士たちに袋に詰めた故国の品を贈る「恤兵袋」はやがて「**慰問袋**」と名を変え、明治・大正・昭和と三代にわたって延べ数百万の兵士たちに届けられた。

一方、前線で傷つき病んで軍病院で苦しんでいる傷病兵たちへの慰問行為もまた恤兵である。皇室や皇族からは包帯や義手・義足が贈られ、華族婦人会などからは慰労の花や菓子、一般からは集められた励ましの手紙・見舞金・見舞品が病床に届けられた。子供にとっては恤兵の字は難しく、小さいときの私もいたいたしい野戦病院の写真に「恤兵活動……」と説明があると「輸血でもしてるのかしらん」といった程度だった。

戦争や事変がたびたび起こり、国民たちの兵士救援活動も規模が大きくなってくると、これを系統化・効率化するために陸軍省と海軍省にそれぞれ「恤兵部」が設けられた。職場や学校・隣組などで集められた献金や慰問袋はここに集約され、改めて前線に配られた。

第一次世界大戦のときに登場した飛行機や戦車は近代戦の花形となったが、大正から昭和の時代にかけては大不況の時代で、軍も予算が足りずその調達も思うようにならなかった。そこで国民の手で陸海軍に兵器を「献納」しようというムードが高まってきた。あるいは陰で軍が意図を操っていたかもしれないが、対象が兵士から軍自体にエスカレートした恤兵物資である。

まず音頭とりが国民の各層から「**国防献金**」を集め、その金で軍が外国から兵器を輸入したり国内メーカーに注文し、完成すると「**献納兵器**」の盛大な贈呈式が行なわれた。これらの兵器は飛行機・戦車・装甲自動車・機関銃などあったが、たしか献納戦闘機につけられた名は陸軍が「愛国第○号」、海軍が「報国第○号」だったと思う。

海軍省のなかには知恵者がいて、学校の組織を通じて全国の小学生に親父が捨てた煙草の空箱のなかの銀紙（薄い錫箔《すずはく》）を集めて海軍に送らせ、その売却金で飛行機をつくった。労力奉仕とリサイクル運動から**零式艦上戦闘機**などが生まれた。

これにはさらにおまけ話がある。抱えきれないような大きな銀紙のボールが次つぎと送られてきた海軍では、協力してくれた小学校へのお礼としてプロペラを贈った。旧式の飛行機から使わなくなった二枚羽根の木製プロペラをはずし、これに海軍の偉い人の一筆を彫り込んで小学生へのプレゼントとした。

まれに、田舎の古い小学校で校長室の壁に海軍大臣・米内光政などと書いたプロペラがくすぶっているのを見たことがある。なかには、「不惜身命」の肉太の書に、海軍航空本部長

・中将・山本五十六の名のあるプロペラもある。

山本五十六は、このあと海軍次官をへて連合艦隊司令長官となり真珠湾攻撃で勝利、ミッドウェー海戦で敗北を味わったあと、昭和一八（一九四三）年四月、ソロモンで乗機を撃墜されて戦死した。子供たちが銀紙で飛行機を作ってから、わずか六年後のことである。（民）

（→慰問袋８・千人針８）

しれっと

副詞で、するの動詞と結びついて「しれっとしている」というふうに使われるが、「しれっとした」とか「しれっとする」などはあまり聞かない。『広辞苑』には、他からの働きかけにも動ぜず平然としているさま、何ごともなかったかのごとく振る舞うさま、とあり特殊な副詞ではないが、軍隊ことに海軍ではよく使われた。「今度の新兵はさんざん叱言《こごと》をいってもシレッとしている」「あの兵は鉄帽にタマが当たってもシレッとしていた」などといった。

語源はよくわからないが、「痴《し》れごと」「痴れ痴れ」など愚かなこと、馬鹿げたさまを表わす痴《し》れがあり、物を感じない鈍さの表現からきているかもしれない。ただ軍隊で使われた場合には、平然とした態度に感心するニュアンスがあり、賞め言葉にもなっている。（海）

スーちゃん

兵営のなかで軍歌とは別に兵隊が仲間うちで愛唱していた兵隊歌がいくつかあった。

いつ作られたか、作詞作曲は誰なのかも知らず、譜面もないままに古兵から新兵へと歌い継がれて、「兵隊ソング」「軍隊小唄」「私物軍歌」などと呼ばれる。

この私物軍歌のなかに出てくる女性の名前がスーちゃんで、

〽可愛いスーちゃんと泣き別れ、とか

〽可愛いスーちゃんの泣きぼくろ

とたびたび登場する。スーちゃんの原名が鈴子さんなのか澄代さんなのかはどうでもよくて、恋人・情人の代表名詞であり兵隊共有のアイドルとして使われている。

スーちゃんは明治時代の流行歌にも登場しているというから、万事ハイカラ調の明治人が英語のSWEET HEARTをもじったと想像するのは無理だろうか。

軍隊の消滅とともにこれら兵隊歌も自然に消えていったが、そのなかの一つの『初年兵哀歌＝別名、可愛いスーちゃん』が、曲はそのまま歌詞を入れ替えた替歌《かえうた》『ネリカン・ブルース』として戦後大ヒットした。ネリカンは練馬少年鑑別所を略したもので、当時の兵営と鑑別所に共通する閉じこめられた若者たちの心情を哀切に満ちたメロディで表現している。

初年兵哀歌もネリカン・ブルースもカラオケ・ビデオや軍歌集カセットから探し出すのは難儀なことになった。（陸）

（→内務班7・地方人8・満期操典7）

千人針【せんにんばり】

千人針の風習は日清・日露戦争からあったともいわれるが、いわば土俗信仰から生まれているから調べようもない。

将兵が動員されて戦地におもむくとき、母親・姉妹・妻・恋人などの女性が近所を駆け回って、一〇〇〇人の女性から赤い糸で一針ずつ縫ってもらい、この千人針を作りあげる。

ひとくちに一〇〇〇人といっても、たいへんな数だから近隣では足らず、ときには町角に立って通行中の女性に助けてもらう。期日が迫っているときには、女学校や女性工員の多い工場にたのんで一日で仕上げたりする。

台になる布は、やくざ映画によく出てくるサラシの白い木綿布を厚手に重ねた幅二〇～三〇センチ、長さは胴回りで手作りだから、とくに規格もない。これに針で赤糸を縫いつけ、その糸留めを白布に点として残すわけで、一〇〇〇人で一〇〇〇個の点が図案を形作る。

もっともふつうのデザインは縦一〇点、横一〇〇列の基盤目状のもので、整然と並ぶように筆の柄の尻に朱肉をつけて押して下図を書いておく。ときには黒い墨や鉛筆書きの生なましいものもあった。後日その持ち主が戦死して、この千人針が遺品として届けられ涙の種と

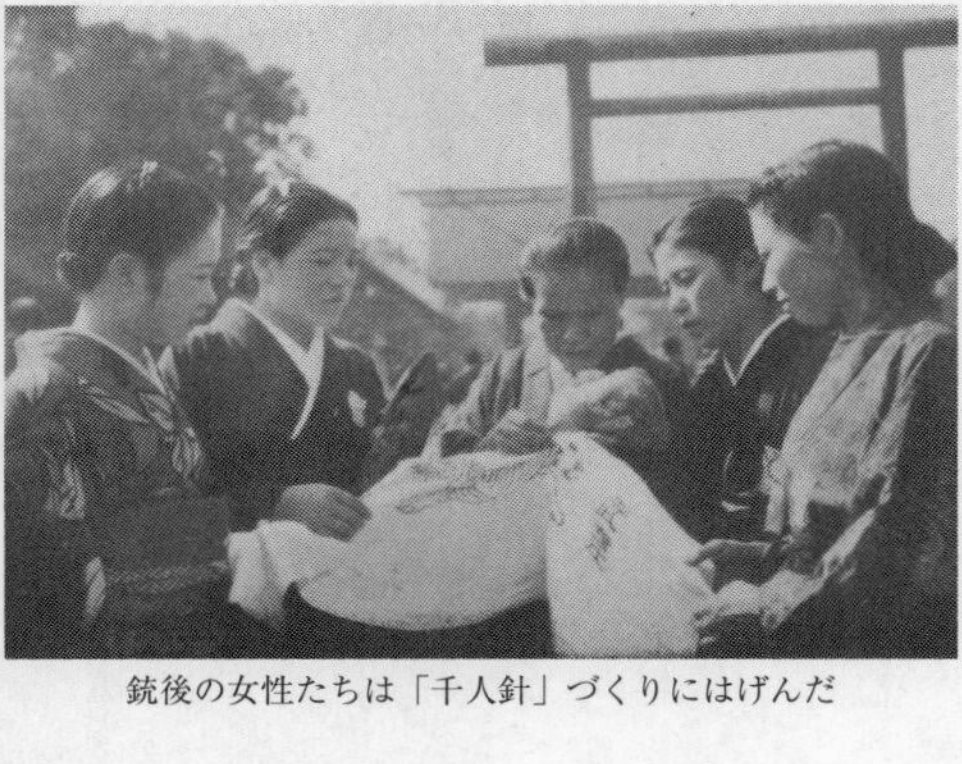

銃後の女性たちは「千人針」づくりにはげんだ

なる。

　はじめのうちはそれぞれ手作りであったが、やがて出征兵士が多くなってくると、さまざまな図案をこらして商店やデパートでも売られるようになった。

　商品としての台布には「米英撃滅」や「武運長久」といったスローガンがプリントされてあるのもあり、なかには勇ましい猛虎が野を走る赤や黄色の新型も人気があった。

　「虎は千里を走り千里を帰る」という言い伝えから千人針の刺し手も寅《とら》年の女性となっていたが、寅年の女性がそんなにいるはずもなく、たまにそれに当たれば年の数だけ針数をもらう風習もあった。

　このほか、千人針の布に当時の一〇銭・五銭の穴あき硬貨を縫いつけたが、これは「死線（四銭）を越えて苦戦（九銭）を越えて」の語呂《ごろ》合わせから生まれたものである。

　こうして兵たちは千人針を腹に巻き、寄せ書きの日の丸を肩にかけて戦場に行くが、肉親たちのこの心のこもった記念品は戦場では実用品となった。

　鉄砲に結びつけた日の丸は味方識別の旗となり、ときには敵陣占領の記念写真を彩《いろど》る小道具となった。腹に巻きつけた千人針は腹を温めて胃腸を守り、敵弾を受けたときの止血帯ともなった。硬貨の装甲度はたかが知れているが、「危機一髪」という言葉もあり、これで命が助かった幸運な兵隊もいたことであろう。

　南方の戦場ではアメリカ兵たちが戦争記念品あさりに躍起《やっき》となったが、日本刀や認識票などとともに人気があったのは寄せ書き国旗と、このきわめて東洋的な千人針であった。

そのアメリカ兵たちも次々に亡くなり、これらの戦場土産は各地のアンティーク・ショップに飾られている。(民)(→慰問袋8・認識票6)

大詔奉戴日【たいしょうほうたいび】

日中戦争が起こるとそれが案に相違してダラダラとつづいたため、国民のなかにも倦怠感が生まれてきた。

そこで時の平沼騏一郎首相の政府は国民にカツを入れるため、戦争三年目の昭和一四(一九三九)年の九月一日から毎月一日を「**興亜《こうあ》奉公日《ほうこうび》**」と定め、改めて戦時下の生活を認識し戦意を高める記念日とした。

興亜とは白人支配を脱してアジアを隆盛にすること、奉公は私生活を捨てて国に尽《つ》くすことであり、軍隊をはじめ官庁・学校・職場などで偉い人が訓示を行ない戦争遂行のバンザイを三唱したりした。

市民レベルでも戦地の兵隊さんをしのんで梅干一つだけの「**日の丸弁当**」を持って出勤し、町角では**愛国婦人会**や**国防婦人会**の怖いオバさんたちが、〝ぜいたくは敵だ〟と書かれた看板を背に国民に節約を呼びかけた。

やがて昭和一六(一九四一)年、今度は太平洋戦争が始まると、この興亜奉公日は廃止されて宣戦布告の詔書が出された一二月八日から毎月八日を「大詔奉戴日」とした。天皇の開戦の詔書をかみしめて戦いの決意を確認する月例日であった。興亜奉公日とちがい、まず奉安殿からうやうやしく移された天皇の写真（御真影《ごしんえい》）を背に偉い人が宣戦の詔書を奉読する。「天佑ヲ保有シ万世一系ノ皇祚《こうそ》ヲ践《ふ》メル大日本帝国天皇ハ昭《あきらか》ニ忠誠勇武ナル汝《なんじ》有衆ニ示ス朕茲《ここ》ニ米国及英国ニ戦ヲ宣ス」に始まり「東亜永遠ノ平和ヲ確立シ以テ帝国ノ光栄ヲ保全セムコトヲ期ス　御名御璽《ぎょめいぎょじ》」で終わるこの詔書は難解な漢語で二〇〇〇字あまり、ゆっくりした調子で奉読すると一〇分もかかった。

他の国民の祝祭日の天長節《てんちょうせつ》（天皇誕生日）や紀元節（現在の建国記念日）、明治節（現在の文化の日）などは歌をうたったあと紅白の菓子が配られ、授業も午後から休みとなったので学校の生徒たちは喜んだが、大詔奉戴日は夏のカンカン照り、冬の木枯《こがら》しの中で立ったまま意味の判らない長い詔書奉読と訓示、そのうえに休みにもならず生徒たちには厄日《やくび》のようなものであった。（共・民）

地方人【ちほうじん】　首府以外の土地の人とか田舎の人とかと辞書にあるが、日本陸軍では軍人・軍属以外の人間をすべて地方人という特別な言葉で呼んだ。一般の国民・市民・家族などで、内閣総理大臣でも軍籍になければこの地方人の一人である。

軍隊は閉鎖社会で、軍と民衆の間に一線を画し軍隊から外の世界を「地方」といい、またの名を「娑婆《しゃば》」といった。仏教用語から由来するこの用語は、今でも刑務所という閉鎖社会に生きている。

赤紙を受け取って、地方から兵営に入って来た新米の地方人たちは、背広や和服などの「**地方服**」を脱いで軍服に着替え軍人となる。僕・君などの「**地方語**」は禁じられ、すべて軍隊語を覚え込まされる。それでも娑婆っけが抜けないと怒号と制裁の嵐となり、一人前の軍人となる。除隊のときはその逆で、地方服に着替えて地方に帰って行く。

軍隊に対して地方・地方人の言葉が使われ始めたのは明治の建軍期以来のことで、ここになにか武士と町民、軍人と民衆といった階級差別が感じられる。徴兵令による国民皆兵で、軍人は武士階級の独占ではなくなったはずだが、言葉は最後まで残る。考えてみれば妙な言葉である。（民）

突撃一番【とつげきいちばん】　兵隊が使ったゴム製のコンドームのこと。ＣＭの「ファイト一発！」のようなしゃれた商品名で、ちゃんと袋に印刷されている。民間市販のものは別な商品名だから純然たる軍隊用語でもある。

兵の健康を管理する**健兵**《けんぺい》対策でもっとも頭を痛めたのは、米食からくる脚気《かっけ》と国民病といわれた肺結核、そしてこの性病の三大病であった。

脚気は米食に麦を混ぜることで防ぎ、肺結核は最初から兵隊検査で不合格となったが、元気な若者集団で性エネルギーの抑止は不可能だから、軍ではこの突撃一番の使用をすすめ、外出のときの兵隊には必要な〝携帯兵器〟でもあった。

性病の怖さは、現代のエイズと同じような強烈な感染性にある。兵営でも艦隊勤務でも兵隊は大風呂の共同使用だから、閉鎖社会の軍隊でこれが感染しだすと戦力の低下ははなはだしい。だから娼婦を買ったことではなく、突撃一番を用いなかったことで叱《しか》られる。

海軍では、一度艦内に性病が発生すると、配置が目いっぱいなのに病人の後送も交替の派遣もできないから、戦闘や航海にも支障をきたすので陸軍よりもいっそう神経質になる。

突撃一番はどうやら陸軍の専用語のようで、海軍では**ゴムかぶと**とか単に**サック**といった。上陸日には艦の玄関にあたる**舷門**《げんもん》で上陸・帰艦員のチェックをするが、ここに海軍支給のゴムかぶとが山積みにされており、兵隊はほしいだけポケットに入れて出かけて行った。もちろん無料である。

「突撃一番」も「ゴムかぶと」もこれから女性攻撃に出かける男たちの武者ぶるいのようなものを感じさせる。（陸）　（→慰安婦8）

奉公袋【ほうこうぶくろ】　奉公とは公《おおやけ》に身を奉《ほう》ずること。明治二三（一八九〇）年に明治天皇が国民に示した道徳律「教育勅語」の中に「一旦、緩急あれば義勇公に奉じ……」とあり、ひとたび国家の一大事となれば勇気をもって死力を尽して国に奉仕することを高度のモラルと定めた。

昭和の国民的スローガンにも「**滅私**《めっし》**奉公**」の言葉があり、すべての私心を捨てて国に奉仕する合言葉でもあった。

この場合の公は、皇室でも国民でも人類でもなく国そのものである。それならば現在の国家公務員こそ滅私奉公の職業のはずだが、それほどモラルが高いとも思えない。

奉仕の英語はSERVICEであり、英米で軍務に役することはサービスというから彼らのほうがよほど心得ている。

もっとも、日本でも奉公は明治以後につくられた言葉ではなく、はるか以前からあった。西鶴の戯作や近松の世話物にしばしば登場しており、起源はそれより前のことであろう。武士が君主に仕え城に登城するのはもちろん奉公人の奉公だが、番頭が店に勤め、小僧が寺で働き、女中が奥さまの家事の手伝いをするのはすべて奉公であり、遊廓で女郎が雇い主のために期限つき売春をしたのも年期奉公であった。「お礼奉公」「奉公切れ」といった言葉もある。

江戸時代には国家観念が薄いため、領主・店主・主人が公《おおやけ》であったが、実は今もあまり変わりはない。

終戦後は日本国よりも所属する会社へのロイヤリティが強く、寝食を忘れ妻子を放《ほう》って休みもとらずに一心不乱に会社のために尽くす。そしてこの働き蜂たちは一旦《いったん》緩急あれば、一身を犠牲にして司直の手から会社の安全を計る。文字どおりの滅私奉公であるが、笑いごとではない。

さて奉公袋だが、これは縦四〇センチ、横二〇センチばかりの綿やメリヤス製の布袋で、口が麻ひもで締めくくられるようになっている。色は軍服に似た緑色あるいは褐色で、表面に「奉公袋」の文字と氏名書き入れ欄が印刷されていた。

これは一種の軍人用のポシェット・ハンドバッグで、赤紙がきて召集された新兵や在郷軍人たちは、ハンで押したように手に手にこの袋をぶら下げて兵営におもむいた。「祝出征・祝入営」の極彩色の旗やのぼりで送られ、肩からは友人・知人の寄せ書きのある日の丸をたすきにかけ、手にこの奉公袋をさげて見送りの人々に別れの挙手の礼で応えるのが、どこでも見られた悲壮な送別風景であった。

中身には何が入っていたか？　個人差はあるが、召集令状・印かん・筆記具・入営後に不要となった衣服を送り返す油紙・麻ひも・荷札といったところが相場であった。

軍隊の経験がある**再役**者は軍隊手帳・下士官適任証などの証明書、ときには勲章や従軍記章も入っている。兵営に入ると、奉公袋の中身は個人的ロッカーである木製の**手箱**に移し預金通帳は班長に預ける。現金や印鑑などの貴重品は奉公袋をふた回りほど小さくした**貴重品袋**に入れて首からぶら下げる。

奉公袋と貴重品袋とは色も形も同じ大小で一対となる袋だが、貴重品袋の存在は軍隊内に意外に窃盗が多かったことを物語っている。

応召者が入営時に携えた奉公袋と軍隊手牒（© 新庄市）

言葉はとっくに死語となり実物を目にすることも少なくなったが、毎年入社シーズンになるとリクルートスーツに身を包んで若い企業戦士たちが、小さなバッグを手に滅私奉公の世界に入って行く。（共）（→赤紙上1・内務班7）

保万礼【ほまれ】

日露戦争の真っ最中の明治三八（一九〇五）年に売り出された軍人の煙草で値段は五銭、保万礼は軍人の誉れ、勝利の誉れに因んだ当字。平時は兵営の酒保などで売られ、戦場では補給嗜好品《しこう》としてタダで兵士たちに配られた。菊の御紋章入りの「**恩賜の煙草**」が天皇の名で第一線の将兵に配られることもあるが、上級将校や決死隊などの限られた範囲で、兵士たちの大部分はこの保万礼が煙草の代名詞であった。

楽しみの少ない兵隊にとって煙草の楽しみは格別で、軍歌の歌詞にも、

〽ままよ大胆一服やれば
頼みすくなや煙草が二本（明治二八年　永井建子・作詞／作曲）とか、

〽恩賜の煙草いただいて
あすは死ぬぞと決めた夜は（昭和一四年　大槻一郎・作詞／藏野今春・作曲）

などが散見され、ベストセラーになった『土と兵隊』『麦と兵隊』などの兵隊小説につづいて『煙草と兵隊』といった小説まであった。生死もわからない激戦のなかで吸った保万礼のうまさを回想する兵士たちも安全な内地に帰ってくると、こんなまずいものとは思わなか

ったと勝手なことをいうようになる。

軍国調の煙草の銘柄では、他にも神武天皇の神話にちなんだ「金鵄《きんし》」（昭和一五年・九銭）や、青空をとぶ爆撃機をデザインした「鵬翼《ほうよく》」（昭和一六年・一五銭）などがあったが、いずれも一般市販品で軍人専用の品ではない。（共）

（↓酒保7・恩賜の軍刀6）

ほんちゃん

平時には、軍隊の幹部定員は職業軍人の現役将校で成り立っているが、いったん戦争に突入すると動員につぐ動員で世帯はふくれ上がり、戦死者は続出して、将校とくに下級幹部が不足してくる。

これを補うため、陸軍は**甲種幹部候補生**や**特別操縦見習士官**、海軍は**予備学生**や商船学校から予備役の将校を大量に採用する。

予備役は戦争が終われば、また自分の社会に戻る戦時パートタイマーであり、本格的な職業軍人教育を受けていないから、いわばアマチュア将校である。これらの予備役将校はプロの現役将校から軽視されながら全戦線でよく働き、なかには国を思う気持ちにどこに変わりがあるかと、いっそう張りきった者も多い。しかし、兵隊たちは敏感にプロとアマの力量の差を見てとり、陰では本科・別科とか、実包《じっぽう》・擬製弾、舶来・和製など差別語で呼んでいた。

ほんちゃんも**本科**の崩しで現役の将校を指す隠語である。

町中《まちなか》で学生時代を過ごした予備役の将校は、隔離教育で育った陸士海兵出の現役将校より世情に通じており、兵隊たちにも親しみをもたれたが、いざ戦闘となるとやはりプロのほう

が頼りになり〝さすが、ほんちゃんは違うなあ〟ということになる。（共）

（↓陸士上4・海兵上4・特幹上4）

陸軍記念日【りくぐんきねんび】 「めいじぶしとは何ですか?」と聞かれて面くらったことがある。目で本からは読むが耳から聞くチャンスのないままに、日本海海戦の連合艦隊司令長官の**東郷平八郎**がとうごうだいらはちろうになったり、旅順攻略戦の悲運の将軍**乃木希典**がのぎきてんになったり、ついには明治天皇誕生日の明治節《せつ》が鰹節《かつおぶし》か八木節と同じになっては、まさに〝明治は遠くなりにけり〟である。

戦前、宮中で行なわれる皇室の行事に合わせて国が定めた大祭日・祝日・記念日があり、国民もいっしょになってこれを祝った。その中心は元旦の**四方拝**《しほうはい》などの**四大節**である。

「紀元節《せつ》」（二月一一日）初代の神武天皇の即位日と伝えられ、現在の建国記念日。

「天長節」（四月二九日）天皇の誕生日。昭和天皇誕生日。現在の昭和の日。

「明治節」（一一月三日）明治天皇誕生日。現在の文化の日。

また、これに準ずる国民の祭日としては、

「春季皇霊祭」現在の春分の日。

「神武天皇祭」（四月三日）神武天皇の崩御の日と伝えられる。

「靖国神社例大祭」（春季四月二三日、秋季一〇月二三日）他に臨時大祭。現在では春季四月二二日、秋季一〇月一八日。

「秋季皇霊祭」現在の秋分の日。
「神嘗祭《かんなめ》」（一〇月一七日）新米を伊勢神宮に捧げる。
「新嘗祭《にいなめ》」（一一月二三日）新米を神々に捧げる。現在の勤労感謝の日。
「大正天皇祭」（一二月二五日）大正天皇の崩御した日。
など、それぞれ深い由緒のある祭日であった。

これを見ても判るように戦前の祝祭日の原名は忘れられていったが、その多くは名を変え、ときには天長節が昭和の日になったように、趣旨は変わってもそれぞれ国民の祝日としてつづいている。靖国神社の例大祭も憲法上の制約で国民の祝日には入れないが、春秋の例大祭や夏のお盆の季節の〝みたままつり〟などは盛大に行なわれ、まったく姿を消したのは地久節（皇后の誕生日）や神武天皇祭、大正天皇祭ぐらいである。

これらの祝祭日・記念日のなかで、軍の消滅とともにけっして復権が認められていない陸海軍に関する三つの記念日がある。

一月八日の「**陸軍始め**」、**三月一〇日**の「**陸軍記念日**」、**五月二七日**の「**海軍記念日**」で、この日だけは軍人様々《さまざま》で天皇臨席の観兵式や観艦式で大いに気勢を上げ、駐屯地や海軍基地は休み、職場や学校でも予備役の偉い軍人が勲章を飾って軍事知識普及の講演をしたりしていた。

陸軍記念日と海軍記念日のいわれについては、当時の本に次のような説明が見られる。

「**陸軍記念日**＝明治三十八年三月十日は日露戦争の最後の大会戦で、敵軍に数万の大損害を与え、奉天（現在の長春）を占領し、数万の捕虜を得た日で、世界各国共に驚いたほどの大勝利を得た陸軍の名誉ある記念日である」

「**海軍記念日**＝明治三十八年五月二十七日、わが海軍が日本海の対馬海峡において、露国の本国より来航し来たりたるバルチック艦隊を全滅せしめたる日で、日露戦争中、わが海軍にとりて最大激戦、大勝利であるから、年々この日を卜《ぼく》して記念日に定められた」

その一〇年前には、日本は最初の対外戦争の日清戦争を戦い、平壌会戦や黄海海戦もあったのだが、記念日とせず日露戦争ではじめて戦勝記念日を設けたのは、この国運を賭けた西洋人との勝利がよほど嬉しかったにちがいない。いずれにせよ、この両記念日はともかく、四大節などは子供たちにとっては嬉しい祭日であった。午後から休みとなるからだ。

いつものとおり登校すると、まず全員が講堂に集められ、校長先生が校庭にある奉安殿からうやうやしく捧げてきた**教育勅語**をおごそかに奉読し、つづいてこの日の意義などを長ながと聞かされる。

そのあとは音楽教師のオルガンの伴奏で全員で慶祝歌を合唱する。

天長節ならば 〽今日のよき日は大君の、生まれたまいしよき日なり……。

紀元節ならば 〽雲にそびゆる高千穂の 高峰《たかね》おろしに草も木も……。

明治節ならば 〽アジアの東、日出ずる所 聖《ひじり》の君の現われまして……。

といった歌を一夜漬《づ》けで覚えて適当に歌う。これで幕で、紅白のお菓子をもらって開放感にひたりながら下校するが、国民の祝日で何もせずゴロ寝でテレビを見ているサラリーマンの休日よりもメリハリの利いた一日であった。

私事にわたって恐縮だが、私の妻の誕生日はこの海軍記念日で、その兄の誕生日はなんと陸軍記念日となっている。あまりにも偶然過ぎて父親が出生届けをこの記念日に合わせたものと思われるが、とり立てて軍国主義とは思えない父親がそうしたのも、この戦争記念日が国民の生活のなかに定着していたことを物語っている。（共・民）（↓陸軍始め上1）

陸式【りくしき】 海軍から見た陸軍式をいう。日本の陸海軍は同じ国の軍隊でありながら、陸はフランス陸軍を、海はイギリス海軍をそれぞれ手本として発展し、最高司令官は憲法によって天皇一人となっていたが、まったく別個の生き物として大きくなっていった。

その経過で、行きすぎとも思えるほどそれぞれのアイデンティティを主張し、同種の兵器を作る場合でも別々に発想・開発・製造し、両者の互換性など考えにも入れなかった。陸軍に戦車があるのにわざわざイギリスから装甲自動車を輸入したり、やむなく同じ品を使う場合も意識的に呼び名を変えた。

陸軍が**円筒**と呼んだ小銃の部品を海軍は**尾栓**《びせん》と呼び、同じタマ入れを陸が**弾薬盒**《だんやくごう》と呼び、海が**胴乱**《どうらん》といった。海軍が手がけなかった小銃や拳銃で陸軍と同じタイプを使う場合に、この陸式が登場して一四年式拳銃が「陸式拳銃」となる。

しばしばこの言葉は、なんとなく陸軍に優越感をもっている海軍の蔑視をこめた使い方をされる。

陸の敬礼は肘を張っての挙手の礼だが、海は狭い艦内のため肘を前に出し角度も浅くなる。

また階級や官職名にも陸軍のように殿はつけない。陸軍は中隊長殿で海軍は分隊長と呼び捨てとなる。

新兵が肘をつっぱって敬礼し〝分隊長殿〟とでもいえば、〝そんな野暮《やぼ》ったい陸式でするな〟と叱られる。

陸式に対する海式はない。（海）（↓槓桿5）

あとがき

この書の原典は、今から四半世紀前にさかのぼり、昭和五〇年代に、ある軍事雑誌に連載されたコラムにある。

その雑誌に日本陸海軍についての記事を掲載すると、若い読者から「日本軍で使われていた言葉（たとえば〝白兵〟とか〝精神棒〟とか）が何のことやらわからないので、わかりやすく解説して欲しい」という苦情や注文が続いた。そこで、新たにこの雑誌に毎月一ページで、語源の専門書でもなく、〝兵語辞典〟でもなく、気楽にジョークまじりに『日本軍隊用語エッセイ』と題をつけて毎月、書き綴った。

はじめは、約二〇〇語をえらんで長期連載の予定だったが、力つきて五一篇、四年あまりで途絶した。

発行部数の限られているマニア誌であったため、あまり世間に知られること少なく、再連載希望の日本軍マニアの要望も多くあったが、そのまま時が過ぎた。

それから多くの時が流れて一九九二（平成四）年に執筆した本人が忘れてしまった頃、立風書房という出版社から、ぜひ単行本として後世に残したいとの申し出があった。結構なことだったのだが、出版社どうしの折り合いが付かず、担当の編集者から「いっそ新規に書き下ろしては」との申し入れがあり、改めて約一五〇語を選んで、再調査をして再執筆に一年間を費やした。

『日本軍隊用語集』という新題で世に問うたところ、ジワジワと求められ、中には、「この本は『聖書』と同じで、ベストセラーにはならないが、ロングセラーにはなる」とお世辞をくれた読者もいた。

そのうち担当編集者からの要望で二年後に続篇も上梓、正篇も第一刷から第五刷までつづいて今世紀まで版を重ね、世紀がわりと時を同じくして絶版となった。

『戦時用語集』という本を書いたタレントの三國一朗さんからは、「もっと早く出して欲しかった」との文も寄せられ、海軍予備学生として出征したことのある歌舞伎俳優で人間国宝の四代目中村雀衛門さんからも「読んで身体に痛みを強く感じますと同時に、あるロマンも感じました」との一文も頂いた。

一方、数多くの従軍体験者から無数の誤りの指摘があり、中には「面白半分でこんな本を出して金儲けをするとはけしからん」としかる先輩もいた。

今回、学研パブリッシングさんから、この本の完結完本版を出したいとの申し出があり、私はこれを私の半世紀にわたる大結集と受けとめている。

完本であるからには、『古事記』や『聖書』と同じく、歴史に残る（かもしれぬ）覚悟で、徹底的な再検証から始まったが、いまや、終戦から七〇年近く、敵味方ともに大戦従軍者のほとんどは世を去った。

半世紀近くも、無責任な気分で書きつづけた私の駄文を、長い年月にわたって日の目を見せて下さった日本出版界の熱意ある諸兄に改めて衷心よりの謝意を捧げたい。

典型的な一五歳の軍国少年として、調布の陸軍飛行場で特攻機の尻押しをしながら終戦を迎えた私もすでに傘寿を過ぎた。

戦死をせずに、長い年月つづいた私の旧軍懐旧癖も、この完本出梓で幕を閉じそうだ。

二〇一一年　春

寺　田　近　雄

参考文献（順不同）

『広辞苑』新村出編／岩波書店
『字源』簡野道明／角川書店
『国語漢和辞典』宇野哲人編／集英社
『英和中辞典』旺文社
『和英中辞典』旺文社
『日本大百科全書』小学館
『児童百科大辞典』桜井忠温編／刊行会篇
『英和和英兵語辞典』平岡閨三編／開拓社
『大日本兵語辞典』原田政右衛門／成武堂
『用語集』陸上幕僚監部
『海上自衛隊・海軍　用語と略語の基礎知識』晩印書館
『陸海空自衛隊軍事用語解説』潮書房編
『日本軍用語エッセイ』寺田近雄／サンデーアート社
『日本軍歌名曲百選』長田暁二／野ばら社
『戦時歌謡全集』長田暁二／野ばら社
『軍歌歳時記』八巻明彦／ヒューマンドキュメント
『時事年鑑』同盟通信社
『朝日年鑑』朝日新聞社
『軍事年鑑』国際軍事研究会
『日露年鑑』欧亜通信社
『満州国年報』国務院統計処
『日本帝国国勢一覧』内務大臣官房文書課
『列国国勢要覧』内閣統計局
『イミダス』集英社
『日本史小辞典』坂本太郎編／山川出版社
『国防大事典』桜井忠温監修／中外産業調査会
『史料集』大和文庫
『日本の合戦シリーズ』桑田忠親編／人物往来社
『日本の戦史シリーズ』参謀本部編／徳間書店
『近代の戦争シリーズ』松下芳男／人物往来社
『日本の百年シリーズ』筑摩書房
『戦争論』クラウゼヴィッツ／現代思潮社
『WORLD WAR II ALMANAC 1931-1945』ROBERT CORALSKI/BONANZA BOOKS
『近代戦争史概説』陸戦学会戦史部／陸戦学会
『昭和日本史・帝国陸海軍』暁教育図書
『昭和史・帝国軍隊』研秀出版
『大日本帝国軍隊』研秀出版

『日本陸海軍の制度・組織・人事』東京大学出版会
『目で見る陸軍百年史』端午会篇／偕行社
『陸軍戦闘序列』防衛研修所戦史室編／防衛庁
『終戦記録』朝日新聞社
『大東亜戦争公刊戦史シリーズ』防衛研修所戦史室／朝雲新聞社
『大東亜戦争全史』服部卓四郎／原書房
『大海令』史料調査会篇／毎日新聞社
『大本営発表の直相史』富永謙吾／自由国民社
『陸軍五十年史』桑木崇明／鱒書房
『海軍五十年史』佐藤市郎／鱒書房
『航空五十年史』仁村俊／鱒書房
『一億人の昭和史・日本陸軍史』毎日新聞社
『一億人の昭和史・日本海軍史』毎日新聞社
『一億人の昭和史・日本航空史』毎日新聞社
『復刻版新聞・太平洋戦争』読売新聞社
『陸海軍勇士一〇〇選』棟田博／秋田書店
『郷土部隊一〇〇選』加藤美希雄／秋田書店
『目で見る日本風俗史・昭和の陸軍』日本放送出版協会
『目で見る日本風俗史・昭和の海軍』日本放送出版協会
『軍閥興亡史シリーズ』伊藤正徳／文藝春秋社
『帝国陸軍の最後』伊藤正徳／文藝春秋社
『連合艦隊の最後』伊藤正徳／文藝春秋社
『われらの海戦史』平田普作／講談社
『話題の陸海軍史』松下芳男／学芸社
『日本軍事史叢話』松下芳男／土屋書店
『日本陸海軍騒動史』松下芳男／土屋書店
『日本の軍隊』飯塚浩二／東京大学出版部
『兵隊たちの陸軍史』伊藤桂一／番町書房
『兵隊百年』棟田博／清風書房
『兵士の現代史』竹森一男／時事通信社
『下級将校の見た帝国陸軍』山本七平／朝日新聞社
『帝国陸海軍の光と影』大原康男／日本教文社
『三八式歩兵銃』加登川幸太郎／白金書房
『帝国機甲部隊』加登川幸太郎／白金書房
『陸軍成規類聚』陸軍省
『作戦要務令』陸軍省
『歩兵操典』陸軍省
『陸軍刑法・懲罰令』陸軍省
『野戦築城教範』陸軍省
『野戦築城』陸上幕僚監部

『乗車部隊の行動』陸軍省
『兵卒教科書』稲垣盛人／駸々堂
『兵卒教範軍隊学』東雪堂
『歩兵須知』兵書出版社
『日本騎兵史』佐久間亮三／原書房
『日本砲兵史』富士学校篇／原書房
『日本陸軍工兵史』吉原矩／九段社
『日本憲兵正史』全国憲友会
『輜重兵概史』偕行社
『陸軍落下傘部隊史』空挺戦友会
『あゝ少年航空兵』少飛会篇／原書房
『屯田兵』北海道開拓記念館
『陸軍航空の鎮魂』航空碑奉讃会
『野戦給養発達史』佐藤勇助／陸軍主計団
『陸軍軍楽隊史』山口常光／三青社
『陸軍ラッパ史』山口常光／自費出版
『輝く陸軍将校生徒』教育総監部／講談社
『陸軍士官学校』秋元書房
『振武台の教育』陸軍予科士官学校編／開成館
『わが武寮』東幼会
『一億人の昭和史・陸軍少年兵』毎日新聞社
『陸軍習志野学校』学校史編纂委員会
『陸軍中野学校』中野校友会
『日中戦争』森金千秋／国書出版社
『北海の墓標』伊勢田武美／読売新聞社
『玉砕』藤井清美／七濠会
『あゝ永沼挺進隊』島貫重郎／原書房
『もうひとつのフィリピン戦』皇睦夫／自費出版
『昭和の航空史』酣燈社
『東京大空襲』早乙女勝元／岩波書店
『引揚げと援護三十年の歩み』厚生省
『終戦から講和まで六年間の記録』アルス社
『海軍制度沿革』海軍省編／原書房
『海軍服制・服装令』海軍省
『海軍須知提要』海軍省
『海軍入団読本』廣瀬彦太／日本兵書出版
『海軍要覧』廣瀬彦太／海軍有終会
『非常時国民全集・海軍篇』中央公論社
『海軍入門』田畑正美／広済堂
『運用作業教範』海上幕僚監部
『基本教練』航空幕僚監部
『海軍砲術史』砲術史刊行会
『海軍水雷史』水雷史刊行会

『海鷲の航跡』海空会編／原書房
『日本の軍艦』福井静夫／ベストセラーズ
『海防艦戦記』海防艦顕彰会編／原書房
『嗚呼特殊潜航艇』特潜会
『特殊潜航艇物語』石野自彊／特潜会
『日本海軍潜水艦史』潜水艦史刊行会／信行社
『回天』鳥巣建之助／信行社
『海軍兵学校沿革』有終会編／原書房
『海軍兵学校』真継不二夫／朝日新聞社
『海兵団』真継不二夫／朝日新聞社
『海軍特別少年兵』真継不二夫／ベストセラーズ
『学徒出陣』真継不二夫／朝日新聞社
『予科練雄飛の記録』山田稔／自費出版
『思い出のネイビイブルー』松永市郎／海文堂
『海軍よもやま物語』小林孝裕／光人社
『素顔の帝国海軍』瀬間喬／海文堂
『特別攻撃隊』特攻隊慰霊顕彰会
『神風』デニス・ウォーナー／時事通信社
『戦艦大和の最期』吉田満／集英社
『陸軍服制・服装令』陸軍省
『被服手入保存法』陸軍省
『陸軍内務令』陸軍省
『陸軍礼式』陸軍省
『図鑑・日本の軍装』笹間良彦／雄山閣
『日本の軍服』太田臨一郎／国書刊行会
『日本の軍装』中西立太／大日本絵画
『大日本帝国陸海軍・軍装と装備』寺田近雄／サンケイ出版社
『日本近代軍服史』太田臨一郎／雄山閣
『明治の軍服』芦原節子／芸文出版
『陸軍服制図絵』東陽堂
『軍装研究』日本軍装研究会
『軍装操典』辻田文雄編／全日本軍装研究会
『紙の戦争・伝単』戦争博物館編／エミール社
『日本の勲章』藤樫準二／第一法規出版
『勲章みちしるべ』川村皓章／青雲書院
『世界勲章図鑑』中堀加津雄／国際出版社
『日本の軍票』寺田近雄／アドユニ社
『兵器学教程』教育総監部
『三八式歩兵銃取扱法』陸軍省
『兵器手入保存法』陸軍省
『陸戦兵器総覧』日本兵器工業会編／図書出版社
『機密兵器の全貌』原書房

『帝国陸軍兵器考』木俣滋郎／雄山閣
『日本兵器総集』潮書房
『日本陸軍兵器集』ＫＫワールドフォトプレス
『一億人の昭和史・兵器大図鑑』毎日新聞社
『日本の大砲』竹内昭・佐山二郎／出版協同社
『野戦兵器』荘司武夫／ダイヤモンド社
『近代戦と日本刀』本阿彌光遜／玄光社
『兵器考』有坂鉊蔵／雄山閣
『日本の戦車』竹内昭／出版協同社
『日本軍用機の全貌』酣燈社
『自衛隊装備年鑑』朝雲新聞社
『現代の兵器総集』潮書房

『完本　日本軍隊用語集』平成二十三年六月　学研パブリッシング刊を改題、上下二分冊に再編集した

解説

大森洋平

本書を一言で紹介するなら「誰も教えてくれない戦争言葉の解説本」である。著者寺田近雄（一九三〇〜二〇一四）は旧日本陸海軍研究のエキスパートで、著述や映画・テレビの時代考証に多大な業績を残した人だった。

本書の原型は八〇年代半ば、月刊軍事雑誌「ＰＡＮＺＥＲ」の連載である。当時私もファンの一人で、「歩兵の歩の字は旧字では一画少ない」と知って感心したり、「須知」は「すうち」と読むと弁えていたおかげで、後年旧陸軍軍人にインタビューする時、すぐに胸襟を開いて頂けて大いに得したりした。「本になったらいいな」と思っていたら、九二年に正編、九五年に続編が立風書房から、また二〇一一年には学研から完本が刊行された。そしてこの度上下巻の文庫として新たに世に出る。やはり、常に必要とされてきた書物だったのである。

厳めしい題名だが、とっつきにくい本では全くない。上巻四七頁「伍長」の項目は、漢字本来の意味から始まり、陸軍の下士官《かしかん》の階級についての解説がメインだが、海軍用語での全く違う意味にまで触れて、痒い所に手が届く内容であるし、下巻二七二頁「陸式」のオチ「陸式に対する海式はない」には、陸海軍の膨大な資料を渉猟、蓄積してきた著者ならではの筆の冴えがある。

また、過去をいたずらに懐かしみ、賛美するような無責任な本でもない。「民族的独善は、結局その民族さえも犠牲にしたのである」（上巻四七頁）というさりげない一言や、下巻「精神棒」の、ユーモラスな書き出しから一転する暗い結末には冷静な史眼が光っている。

そして全編中の白眉は下巻「空襲警報」だろう。「十五歳の軍国少年」寺田近雄の実体験と観察力が十二分に効いていて、優れた短編小説を読むような興趣がある。

米軍機はどのように来襲するか、訓練と実際の違い、サイレン警報の鳴り方、焼夷弾の落ちてくる音（通常爆弾のような「ピュー」ではない！）とその意外に「簡単な消し方」に留まらず、自棄になって空襲直前まで蓄音機で「運命交響曲」を聞いていたこと、向かいの御屋敷にはさらにその上を行って、何と能楽実演を楽しむ伯爵閣下がいた、といったドタバタ喜劇のようなエピソードも盛り込まれ、空襲という一大カオスが、圧倒的な臨場感で迫ってくる（しかしこの伯爵閣下、戦後どうなっただろう?）。しかも話はなお続き、終戦五年後に福岡市で突然鳴り響いた空襲警報という、驚きの珍談で終る。これは著者が福岡のＲＫＢ毎日放送に勤務していた時に取材した話だろうが、このように本書を単なる事典ではない、生き生きとした歴史物語集にしているのは、歴史学者でも特定のイデオローグでもない、同時代記録者・ジャーナリストとしての立ち位置である。

さて、下巻二六八頁で、著者は「『めいじぶし（明治節）って何ですか？』と若い人に聞かれて面食らった」と書いているが、それから約三〇年を経た今では、「戦争体験の風化」はさらに凄まじいことになっている。「真珠湾攻撃の翌年に原爆が落ちて戦争が終わった」と思い込んでいる大学生は珍しくない。就活にはそれで何の支障もないからである。

また私が籍を置く放送局でも。「下士官」を「げしかん」と読むディレクターや、軍刀と銃剣の区別がつかないスタッフはザラである。将校・下士官・兵を一からげに「兵士たち」と書いた放送記者に「兵士たち」は今の会社で言えば「一般職」のことで、「管理職」も含めた全体を意味するなら「将兵」でなくては不正確なのだ、と説明したら、狐が落ちたような顔をされたこともあった。今年終戦七五周年、来年は開戦八〇周年を迎えて、本書を紐解くことが如何に重要かつ有益であるかは、これだけでもよく御理解頂けるだろう。

もちろん本書にも、今読み返してみればいくつか「？」な箇所が無いこともない。もっとも、内容に反する新真実が後日出てくるのは、世の全ての事典や用語集の宿命であるから、それで本書の値打ちや著者への敬意がいささかも損なわれるわけではない。しかし解説として野暮は承知の上で、指摘すべきことは一応指摘しておこう。

例えば、「大尉」の項で、「海軍では大尉・大佐を、だいい・だいさと読んだ」とある。それ自体は間違いではないものの、海軍でそう読まれるようになったのは明治の建軍以来ではなく、昭和になってからのことであり、正式にはやはり「たいい・たいさ」だった。

また「火炎びん」は日本陸軍が一九三九年のノモンハン事件で発明したわけではない。その三年前のスペイン内戦でファシスト軍がすでに使用している。「零戦」を「ゼロセン」と呼ぶのは米軍の読み方が入ってきた戦後からで、戦争中は「れいせん」だった、というのも正確ではない。先日も某人気ニュース解説者が自番組で得々とそう語っていたが、大戦後期の実戦部隊ではもう「『ゼロセン』とも呼んでいた」という証言がある。

　そして「あとがき」に登場する歌舞伎の名女形中村雀右衛門は、学徒出陣で海軍に行ったのではなく、陸軍に応召して南方を転戦、終戦時は軍曹だった。（雀右衛門丈はこのためか「ジャングルや野営地の風景が懐かしい」とベトナム戦争映画「プラトーン」が好きだった、という話を聞いたことがある）等々、読者諸賢はどうか御海容下さい。

　ところで私は、著者の寺田近雄さんとはテレビ番組の時代考証の仕事を通じて面識があった。代々木の御宅に通って、直接教えも受けた。気さくでユーモアに富んだ御人柄で、その口調は本書の文章そのままだった。ただ、話に熱中するとこちらの言うことが耳に入らず、本筋からどんどん脱線していったり、一番肝心なことを話の末尾でようやく言う癖があったりで時には困った。番組収録に立ち会ったはいいが、仕事が終わる頃突然「実はさっきの部分は、本当はこうなんですね」などと言い出して「そういう事は最初におっしゃって下さい！」と慌てふためいたこともあった。でもそんな思い出のすべては今、自分の大きな財産になっている。

　一度だけ伺った話だが、実は御本人は昭和二〇年に陸軍幼年学校に合格したという。しかし入校後すぐ病気で自宅療養、どうにか回復したものの「調布の飛行場で特攻機の尻押しをしているうち」に敗戦となったそうだ。

軍事研究家寺田近雄の出発点は、まさにここだったに違いない。「軍国少年として命を捧げるつもりが、戦争の最後の最後で取り残されてしまった」という思いが、この「日本軍隊用語集」でついに結晶化したのだ。その傍証は、立風書房版続編の後書き「私はこの死語の落穂拾いを、戦前・戦中派と戦無派との間に大きくポッカリ開いた穴を埋める作業に見立てている」というくだりである。今回本書を読み直して、寺田さんの「忘れてたまるか、忘れられてたまるか」という声が、あの明るい穏やかな口調で聞こえて来るような気がした。

寺田近雄のプロフィール。生前、切り絵師につくってもらったもの（遺族提供）

寺田近雄さんが埋めようとした「穴」は、これからも埋め続けなければなるまい。さもなければ戦争体験はさらに風化し、やがて消滅する。そんな時に、新しい戦争の危機がやって来たら、我々はもはや有効な対処ができないだろう。それを防ぐためにも本書「日本軍隊用語集」は、なお長く読み継がれるべき価値を保っているのである。

（二〇二〇年四月、ＮＨＫ制作局シニア・ディレクター：時代考証担当）

◆索引

＊太字は見出し項目とそのページを示す

■あ行

■か行

■さ行

■わ行

NF文庫

日本軍隊用語集〈下〉

二〇二〇年六月二十一日 第一刷発行
著 者 寺田近雄
発行者 皆川豪志
発行所 株式会社 潮書房光人新社
〒100-8077 東京都千代田区大手町一-七-二
電話/〇三-六二八一-九八九一㈹
印刷・製本 凸版印刷株式会社
定価はカバーに表示してあります
乱丁・落丁のものはお取りかえ致します。本文は中性紙を使用
ISBN978-4-7698-3170-9 C0195
日本音楽著作権協会(出)許諾第2004113-001号
http://www.kojinsha.co.jp

NF文庫

刊行のことば

第二次世界大戦の戦火が熄《や》んで五〇年――その間、小社は夥しい数の戦争の記録を渉猟し、発掘し、常に公正なる立場を貫いて書誌とし、大方の絶讃を博して今日に及ぶが、その源は、散華された世代への熱き思い入れであり、同時に、その記録を誌して平和の礎とし、後世に伝えんとするにある。

小社の出版物は、戦記、伝記、文学、エッセイ、写真集、その他、すでに一、〇〇〇点を越え、加えて戦後五〇年になんなんとするを契機として、「光人社NF（ノンフィクション）文庫」を創刊して、読者諸賢の熱烈要望におこたえする次第である。人生のバイブルとして、心弱きときの活性の糧《かて》として、散華の世代からの感動の肉声に、あなたもぜひ、耳を傾けて下さい。